高职高专新能源应用技术系列教材

太阳能光伏技术概论

张存彪　成建林　编著

U0277884

西安电子科技大学出版社

内 容 简 介

本书全面、具体地介绍了现代光伏行业比较成熟的产业链结构和每个产业链的主要技术。书中内容基于光伏生产厂家的内部培训材料,具有很强的操作性和实用性。

本书共分为 8 章,分别为绪论、半导体技术基础、硅材料的制备、晶硅电池发电原理与工艺流程、光伏组件、光伏系统的设计、太阳能光伏系统的应用、太阳能光伏建筑一体化。每章的章末给出了一定量的习题,可供学习者巩固所学。此外,本书的附录中还给出了有关太阳能专业的词汇解释。

本书通俗易懂、图文并茂,可供高职高专的学生学习,也可以供光伏企业的员工培训使用。对光伏行业的初学者来说,本书不失为一本简明实用的入门教材。

图书在版编目(CIP)数据

太阳能光伏技术概论 / 张存彪,成建林编著. —西安:西安电子科技大学出版社,2014.8
(2023.7 重印)
ISBN 978-7-5606-3330-5

Ⅰ.① 太… Ⅱ.① 张… ② 成… Ⅲ.① 太阳能发电—高等职业教育—教材
Ⅳ.① TM615

中国版本图书馆 CIP 数据核字(2014)第 164675 号

策　　划　秦志峰
责任编辑　买永莲　秦志峰
出版发行　西安电子科技大学出版社(西安市太白南路 2 号)
电　　话　(029)88202421　88201467　　　　邮　　编　710071
网　　址　www.xduph.com　　　　　　　　电子邮箱　xdupfxb001@163.com
经　　销　新华书店
印刷单位　西安日报社印务中心
版　　次　2014 年 8 月第 1 版　　2023 年 7 月第 5 次印刷
开　　本　787 毫米×1092 毫米　1/16　印张　12.5
字　　数　292 千字
印　　数　4001～4500 册
定　　价　33.00 元
ISBN 978－7－5606－3330－5/TM

XDUP 3622001－5

如有印装问题可调换

前　　言

在当今能源短缺的现状下，各国都加紧了发展光伏的步伐。美国提出的"太阳能先导计划"意在降低太阳能光伏发电的成本，使其于2015年达到商业化竞争的水平；日本也提出了在2020年达到28 GW的光伏发电总量；欧洲光伏协会提出了"setfor2020"规划，计划在2020年让光伏发电实现商业化竞争。在发展低碳经济的大背景下，各国政府对光伏发电逐渐认可。我国也不甘落后，2009年相继出台了《太阳能光电建筑应用财政补助资金管理暂行办法》、"金太阳示范工程"等鼓励光伏发电产业发展的政策；2010年国务院颁布的《关于加快培育和发展战略性新兴产业的决定》，明确提出要"开拓多元化的太阳能光伏光热发电市场"；2011年国务院制定的"十二五"规划纲要再次明确了要重点发展包括太阳能热利用和光伏光热发电在内的新能源产业。一系列的政策支持让我国的光伏发电发展之路更加宽广。与时同时，光伏专业的人才竞争也日益激烈。光伏专业人才告急的钟声已经响起，但是光伏专业人才的培养力度还不够，致使崛起中的光伏产业人力资源短缺。

人才的培养靠专业，专业的培育靠工学结合的课程，而教材对课程的质量有着举足轻重的作用。光伏作为新能源，属于新兴产业，专业也基本为新开设的，缺乏可以借鉴的配套教材。编者根据光伏产业链的流程为初学者编写了本书，主要依托多家光伏企业的共同支持。

"太阳能光伏技术概论"是新能源类院系的公共基础课，具有很强的基础实战性。本书融入了多家太阳能企业的实际生产培训的内部资料，通过学习，可以使学生掌握光伏专业的基本理论、原理、操作工艺流程和设备的使用与保养等技术知识。

本书本着理论够用、技术过硬，侧重打基础、练技能的原则，把岗位操作与实践操作相融合，以专业学习和职业素养培育为主旨，突出专业性与职业性紧密融合的特点。

本书由张存彪、成建林编著，在编写过程中得到了湖南神州光电能源有限公司、江西赛维LDK公司、无锡尚德光伏电力公司、浙江鸿禧光伏科技股份有限公司、浙江正泰太阳能科技有限公司等多家企业中各位同仁的大力支持与帮助，在此表示感谢。本书还引用了一些专家学者和技术工程师的资料，在此也一并表示感谢！

由于编者水平有限，书中难免有不妥之处，恳请各位读者批评指正。

编　著　者

2014年5月

目　　录

第一章 绪 论

本章主要讲述太阳能的基础知识，重点介绍太阳的辐射强度与太阳光谱，同时介绍中国的太阳能资源分布和利用，简述太阳能发电的器件(光伏电池)以及光伏电池的发展历史，对光伏电池进行分类，并展望太阳能光伏发电的应用前景。

第一节 人类对太阳能的认识

太阳被称为万物之源，地球上的昼夜交替、四季变化都与太阳有关；大气和洋流的循环都靠太阳。太阳是地球上几乎所有能量的来源(除了核能和地热)，古代燃烧的木柴以及现代使用的煤和石油，都是由植物变成的，而所有植物的生长都离不开太阳。人类的发展也离不开太阳。上溯人类历史长河，可以发现古罗马、古希腊、古埃及以及古中国等许多国家和种族都无比地崇拜太阳神。对于人类而言，太阳是"无所不能"的象征。近年来，由于化石能源——煤、石油、天然气等燃烧后造成的环境污染以及能源危机的问题，人们开始加紧开发各种新能源，如太阳能、核能、风能、生物质能、海流能、潮汐能、地热能、氢能等，其中太阳能以取之不尽、用之不竭、绿色环保等优点而具有极大的开发价值。

太阳是一个巨大的能量源，其能量主要来源于氢聚变成氦的聚变反应，这一反应的产能功率(即每秒产生的能量)约为 3.8×10^{23} kW。地球只接收了太阳总辐射的 22 亿分之一，约有 1.7×10^{14} kW。这部分辐射被大气吸收的约为 23%，被大气分子和尘粒反射回宇宙空间的约为 30%，剩下的约 47% 能够到达地面，约为 8.1×10^{13} kW，这个数量相当于全世界发电量的几十万倍。太阳每年投射到地球的辐射能为 6×10^{17} 千瓦时，即相当于 74 万亿吨标准煤。按目前太阳的质量消耗速率计，可维持 600 亿年，可以说太阳是"取之不尽，用之不竭"的能源。

人类很早就开始探索太阳能的应用，其中中国是世界上最早利用太阳能的国家。据《周礼》记载，早在周代就有人用"阳燧"取火，这是人类最早利用太阳能的实践。古希腊科学家阿基米德用镜子反射太阳光，点燃了海上的罗马舰队，从而击退入侵之敌。1876 年，英国的科学家在研究一种叫硒的半导体材料时，发现硒片经过太阳照射后有电流通过，就此发现了"光电效应"。1958 年，应用光电效应原理制成的太阳能电池被应用于美国"先锋"1 号卫星上。1975 年，科学家发现用无定型硅制作的太阳能电池效果更好，其成本大大降低，推广和应用也更加容易。1994 年，世界第一座"太阳城"在日本诞生，这是人类在利用太阳能技术方面的重大进展。几乎同时，在沙特阿拉伯建造了"太阳能村庄"。这些成果向人类展示了太阳能无比灿烂的未来。自 20 世纪 90 年代以来，太阳能光伏发电的发展很快，已广泛用于航天、通信、交通，以及偏远地区居民的供电等领域，近年来又开辟了太阳能路灯、草坪灯和屋顶太阳能光伏发电等新的应用领域。

第二节 太阳能基础知识

一、太阳辐射强度与太阳光谱

地球围绕太阳按椭圆形轨道公转，日地之间的距离是一个不确定的数，这意味着太阳辐射到地球大气上界的强度会随着日地之间距离的变化而变化。但日地之间距离很大，其相对变化量很小，由此而引起的太阳辐射强度变化也很小。因此可以认为地球大气层外的太阳辐射强度是一个不变的数值，科学家用太阳常数来表示这个基本不变的数值。

太阳常数定义为在地球大气外表面，与太阳光束方向垂直的单位面积上，单位时间内所接收的太阳总辐射能量。其所使用的单位为 W/m^2。科学家经过多年对太阳常数的测定，确定其参考值为 1368 W/m^2。

太阳辐射是电磁辐射的一种，是物质的一种形式，具有波粒二象性(既具有波动性，也具有粒子性)。太阳辐射光谱的主要波长范围为 0.15～4 μm，在这段波长范围内，又可分为三个主要区域，即波长较短的紫外线区、波长较长的红外线区和介于二者之间的可见光区(表 1-1)。太阳辐射的能量主要分布在可见光区和红外线区，图 1-1 是大气外层的太阳光谱分布图，可见光区占太阳辐射总量的 50%，红外线区占 43%，紫外线区只占总能量的 7%。其中，在波长为 0.48 μm 的地方，太阳辐射的能量达到最高值。

表 1-1 光 线 类 别

光线类别	波长/μm	照射强度/(W/m^2)	比 例
紫外线	<0.39	95.69	7%
可见光	0.39～0.77	683.5	50%
红外线	>0.77	587.81	43%
总计		1367	100%

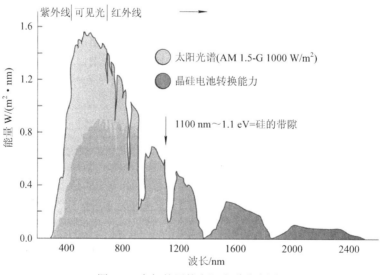

图 1-1 大气外层的太阳光谱分布图

二、地面太阳辐射的估算

太阳辐射穿过大气层时，大气中空气分子、水蒸气和尘埃等对太阳辐射的吸收、反射和散射，不仅使辐射强度减弱，还会改变辐射的方向和辐射的光谱分布，因此实际到达地面的太阳辐射通常由直射和漫射两部分组成，即直达日射和漫射日射。

直射是指直接来自太阳且方向不发生改变的辐射；漫射则是被大气反射和散射后方向发生了改变的太阳辐射，通常又由三部分组成，即太阳周围的散射(太阳表面周围的天空亮光)、地平圈散射(地平圈周围的天空亮光或暗光)及其他的天空散射辐射(注：非水平面也接收来自地面的反射辐射)。

到达地面的太阳辐射主要受大气层厚度的影响，大气层越厚，对太阳辐射的吸收、反射和散射就越严重，到达地面的太阳辐射就越少。大气质量即太阳辐射穿过地球大气的路径与太阳在天顶方向垂直入射时的路径之比，通常以符号 AM 表示，并设定标准大气压下，0℃时海平面上太阳垂直入射的大气质量 AM = 1。参见图 1-2 的大气质量示意图，A 为地球海平面上的一点，当太阳在天顶位置 S 时，太阳辐射穿过大气层到达 A 点的路径为 OA。太阳位于 S' 点时，其穿过大气层到达 A 点的路径则为 $O'A$。$O'A$ 与 OA 之比就称为"大气质量"。

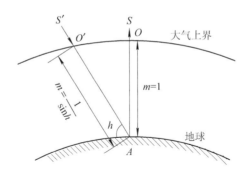

图 1-2　大气质量示意图

由图 1-2 可知，大气质量的公式为

$$AM = \frac{O'A}{OA} = \frac{1}{\sin h}$$

式中，h 为太阳的高度角。

到达地面的太阳辐射除受大气层厚度影响之外，还受大气层透明程度的影响。太阳辐射能在通过大气层时会产生一定衰减，表征辐射衰减程度的一个重要参数就是大气透明度。如图 1-2 所示，当太阳位于天顶位置 S 点时，在大气层上界太阳辐射通量为 I_0，而到达地面后为 I，则大气透明系数 $P = I/I_0$，P 值表示辐射通过大气后的削弱程度。

显然，地球上的不同地区、不同季节、不同气象条件下，到达地面的太阳辐射强度都是不相同的。

表 1-2 给出了热带、温带和比较寒冷地带的太阳平均辐射强度。

表 1-2　不同地区的太阳平均辐射强度

地　区	太阳平均辐射强度	
	kWh/(m² · min)	W/m²
热带、沙漠	5～6	210～250
温带	3～5	130～210
阳光较少地区(北欧)	2～3	80～130

通常根据各地的地理和气象情况，将到达地面的太阳辐射强度制成各种图表供工程上使用。

三、我国的太阳能资源

我国地处北半球，幅员辽阔，国土总面积达 960 万平方公里，南从北纬 4°的曾母暗沙，北到北纬 52.5°的漠河，西自东经 73°的帕米尔高原，东至东经 135°的黑龙江与乌苏里江汇流处，距离都在 5000 公里以上。在我国广阔富饶的土地上，有着丰富的太阳能资源。全国各地的年太阳辐射总量为 928～2333 kWh/m²，中值为 1626 kWh/m²。

根据各地接受太阳总辐射量的多少，全国可划分为五类地区。

一类地区为我国太阳能资源最丰富的地区，年太阳辐射总量为 6680～8400 MJ/m²，相当于日辐射量 5.1～6.4 kWh/m²。这些地区包括宁夏北部、甘肃北部、新疆东部、青海西部和西藏西部等。其中以西藏西部最为丰富，最高可达 2333 kWh/m²(日辐射量为 6.4 kWh/m²)，居世界第二位，仅次于撒哈拉大沙漠。

二类地区为我国太阳能资源较丰富的地区，年太阳辐射总量为 5850～6680 MJ/m²，相当于日辐射量 4.5～5.1 kWh/m²。这些地区包括河北西北部、山西北部、内蒙古南部、宁夏南部、甘肃中部、青海东部、西藏东南部和新疆南部等。

三类地区为我国太阳能资源中等类型地区，年太阳辐射总量为 5000～5850 MJ/m²，相当于日辐射量 3.8～4.5 kWh/m²。这些地区主要包括山东、河南、河北东南部、山西南部、新疆北部、吉林、辽宁、云南、陕西北部、甘肃东南部、广东南部、福建南部、苏北、皖北、台湾西南部等。

四类地区是我国太阳能资源较差地区，年太阳辐射总量为 4200～5000 MJ/m²，相当于日辐射量 3.2～3.8 kWh/m²。这些地区包括湖南、湖北、广西、江西、浙江、福建北部、广东北部、陕南、皖南以及黑龙江、台湾东北部等。

五类地区主要包括四川、贵州两省，是我国太阳能资源最少的地区，年太阳辐射总量为 3350～4200 MJ/m²，相当于日辐射量只有 2.5～3.2 kWh/m²。我国各类地区的太阳能资源分布的总体情况见表 1-3。

表 1-3　我国各类地区的太阳能资源分布的总体情况

资源区	辐射等级	年辐射量/(MJ/m²)	日辐射量/(kWh/m²)
一类区	最好	≥6680	≥5.1
二类区	好	5850～6680	4.5～5.1
三类区	一般	5000～5850	3.8～4.5
四类区	较差	4200～5000	3.2～3.8
五类区	很差	<4200	<3.2

太阳能辐射数据可以从县级气象台站取得，也可以从国家气象局获得。从气象局取得的数据是水平面的辐射数据，包括水平面总辐射、水平面直接辐射和水平面散射辐射。

从全国来看，我国是太阳能资源相当丰富的国家，绝大多数地区的年平均日辐射量在 $4\ kWh/m^2$ 以上，西藏最高达 $7\ kWh/m^2$。与同纬度的其他国家相比，和美国类似，比欧洲、日本优越得多。上述一、二、三类地区约占全国总面积的 $2/3$ 以上，年太阳辐射总量高于 $5000\ MJ/m^2$，年日照时数大于 $2000\ h$，具有利用太阳能的良好条件。

第三节　太阳能电池基本知识与太阳能发电的形式

一、太阳能电池基本知识

太阳能电池是利用光电转换原理使太阳的辐射光通过半导体物质转变为电能的一种器件，这种光电转换过程通常叫做"光生伏特效应"，因此太阳能电池又称为"光伏电池"。

一般用于太阳能电池的半导体材料是一种介于导体和绝缘体之间的特殊物质。和任何物质的原子一样，半导体的原子也是由带正电的原子核和带负电的电子组成的。

以硅为例，硅原子的外层有 4 个电子，按固定轨道围绕原子核转动。当受到外来能量的作用时，这些电子就会脱离轨道而成为自由电子，并在原来的位置上留下一个"空穴"，在纯净的硅晶体中，自由电子和空穴的数目是相等的。

如果在硅晶体中掺入硼、镓等元素，由于这些元素能够俘获电子，它就成了空穴型半导体，通常用符号 P 表示；如果掺入能够释放电子的磷、砷等元素，它就成了电子型半导体，以符号 N 表示。若把这两种半导体结合，交界面便形成一个 PN 结。太阳能电池的奥妙就在这个"结"上，PN 结就像一堵墙，阻碍着电子和空穴的移动。当太阳能电池受到阳光照射时，电子接受光能，向 N 型区移动，使 N 型区带负电，同时空穴向 P 型区移动，使 P 型区带正电。这样，在 PN 结两端便产生了电动势，也就是通常所说的电压。这种现象就是上面所说的"光生伏特效应"。如果这时分别在 P 型层和 N 型层焊上金属导线，接通负载，则外电路便有电流通过。如此形成的一个个电池元件，把它们串联、并联起来，就能产生一定的电压和电流，输出功率。已知的制造太阳能电池的半导体材料有十几种，因此太阳能电池的种类也很多。目前技术最成熟并具有商业价值的太阳能电池是硅太阳能电池。

下面以硅材料为例来介绍太阳能电池的形成原理。

带正电荷的硅原子周围围绕着 4 个带负电荷的电子，可以通过向硅晶体中掺入其他的杂质，如硼、磷等来改变其特性，形成 N 型或者 P 型半导体。当 P 型和 N 型半导体结合在一起时，形成 PN 结。

图 1-3 中，正电荷表示硅原子，负电荷表示围绕在硅原子周围的 4 个电子。当硅晶体中掺入其他的杂质，如掺入硼时，硅晶体中就会存在一个空穴。

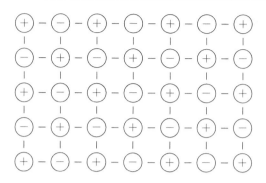

图 1-3　硅原子图

如图 1-4 所示，正电荷表示硅原子，负电荷表示围绕在硅原子周围的 4 个电子，掺入硼原子后，因为硼原子周围只有 3 个电子，所以会产生空穴，这个空穴因为没有电子而变得很不稳定，容易吸收电子而中和，形成 P 型(Positive)半导体。

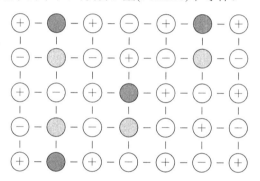

图 1-4　掺硼的硅原子(P 型)

同理，掺入磷原子以后，因为磷原子有 5 个电子，所以就会有一个电子变得非常活跃，形成 N 型(Negative)半导体，如图 1-5 所示。

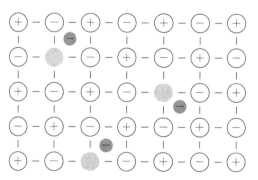

图 1-5　掺磷的硅原子(N 型)

当 P 型和 N 型半导体结合在一起时，在两种半导体的交界面区域会形成一个特殊的薄层，界面的 P 区一侧带负电，N 区一侧带正电。这是由于 P 型半导体多空穴，而 N 型半导体多自由电子，出现了浓度差。N 区的电子会扩散到 P 区，P 区的空穴会扩散到 N 区，一旦扩散就形成了一个由 N 区指向 P 区的"内电场"，从而减缓扩散运动的进行。达到平衡后，就形成了一个特殊的薄层——空间电荷区，这个区域就是 PN 结，如图 1-6 所示。

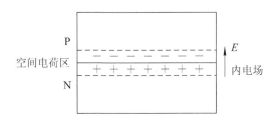

图 1-6　PN 结内电场

　　当晶片受光之后产生电子-空穴对，在"内电场"的作用下，N 半导体的空穴向 P 区移动，而 P 区中的电子向 N 区移动，从而形成从 N 区到 P 区的"内电流"。

　　太阳能电池是通过光电效应或者光化学效应直接把光能转化成电能的装置。太阳能转换为电能主要有两种方式：一种是光伏发电，另一种是太阳能热发电。

二、光伏发电

　　光伏发电的基本原理就是"光生伏特效应"(简称"光伏效应")，它是指光照让不均匀半导体或半导体与金属结合部之间产生电位差的现象。光伏效应首先是由光子(光波)转化为电子、光能量转化为电能量的过程；其次是形成电压的过程。有了电压，就像筑高了的大坝，如果两者之间连通，就会形成电流回路。图 1-7 为光伏发电原理图。

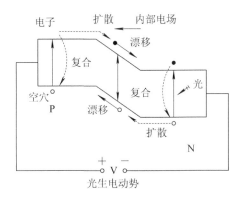

图 1-7　光伏发电原理图

　　光伏发电是利用光电效应，将太阳辐射能直接转换成电能，其内部转换原理见图 1-8。光电转换的基本装置就是太阳能电池。太阳能电池是一种由于光生伏特效应而将太阳光能直接转化为电能的器件，是一个半导体光电二极管，当太阳光照到光电二极管上时，光电二极管就会把太阳的光能变成电能，产生电流。当许多个电池串联或并联起来时就可以成为有比较大的输出功率的太阳能电池方阵了。太阳能电池是一种大有前途的新型电源，具有永久性、清洁性和灵活性三大优点。太阳能电池寿命长，只要太阳存在，太阳能电池就可以一次投资而长期使用；与火力发电、核能发电相比，太阳能电池不会引起环境污染；太阳能电池可以大、中、小并举，大到百万千瓦的中型电站，小到只供一户用的太阳能电池组，这是其他电源无法比拟的。

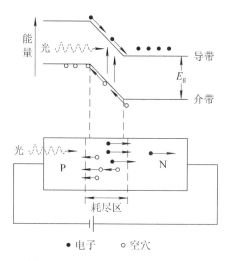

图 1-8　光伏发电内部转换原理图

三、太阳能热发电

太阳能热发电是利用太阳辐射产生的热能发电的，一般是由太阳能集热器将所吸收的热能转换成工质的蒸汽，再驱动汽轮机发电。前一个过程是光—热转换过程，后一个过程是热—电转换过程。与普通的火力发电一样，太阳能热发电的缺点是效率很低而成本很高，据估计，其投资至少要比普通火电站高 5～10 倍，一座 1000 MW 的太阳能热电站需要投资 20～25 亿美元，平均 1 kW 的投资为 2000～2500 美元。因此，目前只能小规模地应用于特殊的场合，而大规模的利用在经济上很不合算，还不能与普通的火电站或核电站相竞争。

当前太阳能热发电按照太阳能采集方式可划分为槽式热发电(图 1-9)、塔式热发电(图 1-10)和碟式热发电(图 1-11)三种。

图 1-9　槽式热发电站

图 1-10　塔式热发电站

槽式系统是利用抛物柱面槽式反射镜将阳光聚焦到管状的接收器上，并将管内传热工质加热产生蒸汽，推动常规汽轮机发电。塔式系统是利用独立跟踪太阳的定日镜，将阳光聚焦到一个固定在塔顶部的接收器上，以产生很高的温度。碟式系统是由许多镜子组成抛物面反射镜，接收器在抛物面的焦点上，接收器内的传热工质被加热到 750℃左右，驱动发动机进行发电。

图 1-11　碟式热发电站

第四节　太阳能电池的发展历史

自 1954 年第一块实用光伏电池问世以来，太阳能光伏发电取得了长足的进步，但比计算机和光纤通信的发展要慢得多。其原因可能是人们对信息的追求特别强烈，而常规能源还能满足人类对能源的需求。1973 年的石油危机和 20 世纪 90 年代的环境污染问题极大地推动了太阳能光伏发电的发展。太阳能电池的发展历程如下：

1839 年，法国科学家贝克勒尔发现了"光生伏特效应"，即"光伏效应"。

1876 年，亚当斯等在金属和硒片上发现了固态光伏效应。

1883 年，第一个"硒光电池"制成，用作敏感器件。

1930 年，肖特基提出 Cu_2O 势垒的"光伏效应"理论；同年，朗格首次提出用"光伏效应"制造"太阳能电池"，使太阳能变成电能。

1931 年，布鲁诺将铜化合物和硒银电极浸入电解液，在阳光下起动了一个电动机。

1932 年，奥杜博特和斯托拉制成第一块"硫化镉"太阳能电池。

1941 年，奥尔发现了硅具有光伏效应。

1954 年，恰宾和皮尔松在贝尔实验室首次制成了实用的单晶太阳能电池，其效率为 6%；同年，韦克尔首次发现了砷化镓具有光伏效应，并在玻璃上沉积硫化镉薄膜，制成了第一块薄膜太阳能电池。

1955 年，吉尼和罗非斯基进行了材料的光电转换效率优化设计；同年，第一个光电航标灯问世。美国 RCA(美国无线电公司)研究砷化镓太阳能电池。

1957 年，硅太阳能电池效率达到 8%。

1958 年，太阳能电池首次应用于空间，装备了美国先锋 1 号卫星。

1959 年，第一个多晶硅太阳能电池问世，其效率达到 5%。

1960 年，硅太阳能电池首次实现并网运行。

1962 年，砷化镓太阳能电池光电转换效率达到 13%。

1969 年，薄膜硫化镉太阳能电池效率达到 8%。

1972 年，罗非斯基研制出紫光电池，效率达到 16%。

1972 年，美国宇航公司发明的背场电池问世。

1973 年，砷化镓太阳能电池效率达到 15%。

1974 年，COMSAT 研究所提出无反射绒面电池，硅太阳能电池效率达到 18%。

1975 年，非晶硅太阳能电池问世。同年，带硅电池效率达到 6%。

1976 年，多晶硅太阳能电池效率达到 10%。

1978 年，美国建成 100 kWp 太阳地面光伏电站。

1980 年，单晶硅太阳能电池效率达到 20%，砷化镓电池达到 22.5%，多晶硅电池达到 14.5%，硫化镉电池达到 9.15%。

1983 年，美国建成 1 MWp 光伏电站；冶金硅(外延)电池效率达到 11.8%。

1986 年，美国建成 6.5 MWp 光伏电站。

1990 年，德国提出"2000 个光伏屋顶计划"，计划为每个家庭的屋顶装 3~5 kWp 光伏电池。

1995 年，高效聚光砷化镓太阳能电池效率达到 32%。

1997 年，美国提出"克林顿总统百万太阳能屋顶计划"，在 2010 年以前为 100 万户安装光伏电池，每户 3~5 kWp。有太阳时光伏屋顶向电网供电，电表反转；无太阳时电网向家庭供电，电表正转。家庭只需交"净电费"。

1997 年，日本"新阳光计划"提出到 2010 年生产 43 亿 Wp 光伏电池。

1997 年，欧洲联盟计划到 2010 年生产 37 亿 Wp 光伏电池。

1998 年，世界太阳能电池年产量超过 151.7 MW；多晶硅太阳能电池产量首次超过单晶硅太阳能电池；单晶硅光伏电池效率达到 25%。这一年，荷兰政府提出"荷兰百万个太阳光伏屋顶计划"，到 2020 年完成。

1999 年，世界太阳能电池年产量超过 201.3 MW；美国 NREL 的 M.A.Contreras 等报道称铜铟锡(CIS)太阳能电池效率达到 18.8%；非晶硅太阳能电池占市场份额的 12.3%。

2000 年，世界太阳能电池年产量超过 399 MW；Wu X.、Dhere R.G.、Aibin D.S. 等报道碲化镉(CdTe)太阳能电池效率达到 16.4%；单晶硅太阳能电池售价约为 3 美元/W。

2002 年，世界太阳能电池年产量超过 540 MW；多晶硅太阳能电池售价约为 2.2 美元/W。

2003 年，世界太阳能电池年产量超过 760 MW；德国 FraunhoferISE 的 LFC(LaserFired-Contact)晶硅太阳能电池效率达到 20%。

2004 年，世界太阳能电池年产量超过 1200 MW；德国 FraunhoferISE 多晶硅太阳能电池效率达到 20.3%；非晶硅太阳能电池占市场份额的 4.4%，降为 1999 年的 1/3，CdTe 太阳能电池占 1.1%，而 CIS 太阳能电池占 0.4%。

2009 年我国政府财政部宣布拟对太阳能光电建筑等大型太阳能工程进行补贴。

第五节　太阳能电池的分类

迄今为止，人们已经研究了 100 多种不同材料、不同结构、不同用途和不同型式的太阳能电池。目前，大面积地面应用的太阳能电池仍以硅材料太阳能电池为主，主要有单晶硅太阳能电池、多晶硅太阳能电池、非晶硅太阳能电池，此外还有部分化合物太阳能电池(如硒铟铜薄膜太阳能电池等)。化合物砷化镓太阳能电池主要应用于空间领域。用于地面太阳能光伏发电系统的太阳能电池，要求耐风霜雨雪的侵袭，有较高的功率价格比，具有大规模生产的工艺可行性和廉价的材料来源。

一、太阳能电池按结构分类

太阳能电池按结构可以分为同质结太阳能电池、异质结太阳能电池、肖特基结太阳能电池、多结太阳能电池以及液结太阳能电池。

(1) 同质结太阳能电池：由同一种半导体材料所形成的 PN 结或梯度结称为同质结。用同质结构成的太阳能电池称为同质结太阳能电池，如硅、砷化镓太阳能电池。

(2) 异质结太阳能电池：由两种禁带宽度不同的半导体材料形成的 PN 结称为异质结。用异质结构成的太阳能电池称为异质结太阳能电池，如氧化锡/硅太阳能电池、硫化亚铜/硫化镉太阳能电池、砷化镓/硅太阳能电池等。

(3) 肖特基结太阳能电池：利用金属-半导体界面的肖特基势垒构成的光伏电池，也称为 MS(金属—半导体)太阳能电池，如铂/硅肖特基太阳能电池、铝/硅肖特基太阳能电池等。其原理是基于金属—半导体接触时，在一定条件下可产生整流接触的肖特基效应。

(4) 多结太阳能电池：由多个 PN 结形成的太阳能电池，又称复合结太阳能电池，有垂直多结太阳能电池、水平多结太阳能电池等。

(5) 液结太阳能电池：用浸入电解质中的半导体构成的太阳能电池，也称为光电化学电池。

二、太阳能电池按材料分类

太阳能电池按基本材料的不同可以分为硅太阳能电池(包括单晶硅太阳能电池、多晶硅薄膜太阳能电池、非晶硅薄膜太阳能电池)、化合物半导体太阳能电池(硫化镉、硒铟铜、碲化镉、砷化镓太阳能电池)以及有机半导体太阳能电池等。

1. 硅太阳能电池

硅太阳能电池是指以硅为基体材料的太阳能电池，有单晶硅太阳能电池、多晶硅太阳能电池等。晶体硅光伏电池以硅半导体材料制成大面积的 PN 结，一般采用 N^+/P 同质结的结构，即在 10 cm 见方的硅片上用扩散法制作出一层很薄的经过重掺杂的 N 型结，然后在 N 型结上制作金属栅线，作为正面电极。在整个背面也制作金属膜，作为背面欧姆接触电极。这样就形成了晶体硅太阳能电池。为了减少光的反射，一般在整个表面再覆盖一层减反射膜或在硅表面制作绒面，如图 1-12 所示。

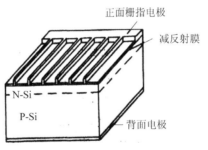

图 1-12 PN 结硅太阳能电池的截面图

1) 单晶硅太阳能电池

硅系列太阳能电池中，单晶硅太阳能电池转换效率最高，技术也最为成熟。高性能单晶硅太阳能电池是建立在高质量单晶硅材料和相关热加工处理工艺基础上的。现在的单晶硅太阳能电池工艺已近成熟。在电池制作中一般都采用表面织构化、发射区钝化、分区掺杂等技术，开发的电池主要有平面单晶硅电池和刻槽埋栅电极单晶硅电池。提高其转化效率主要是靠单晶硅表面微结构处理和分区掺杂工艺。

单晶硅太阳能电池的转换效率无疑是最高的，在大规模应用和工业生产中仍占据着主导地位，但由于受单晶硅材料价格及相应的繁琐的电池工艺影响，致使单晶硅成本居高不下，要想大幅度降低其成本是非常困难的。为了节省高质量材料，寻找单晶硅太阳能电池的替代产品，发展了薄膜太阳能电池，其中多晶硅薄膜太阳能电池和非晶硅薄膜太阳能电池是典型代表。

2) 多晶硅薄膜太阳能电池

通常的晶体硅太阳能电池是在厚度为 $180\sim200\ \mu m$ 的高质量硅片上制成的，这种硅片从提拉或浇铸的硅锭上以线切割而成，因此实际消耗的硅材料很多。为了节省材料，人们从 20 世纪 70 年代中期就开始在廉价衬底上沉积多晶硅薄膜，但由于生长的硅膜晶粒太小，未能制成有价值的太阳能电池。为了获得大尺寸晶粒的薄膜，人们一直没有停止过研究，并提出了很多方法。目前制备多晶硅薄膜太阳能电池多采用化学气相沉积法，包括低压化学气相沉积(LPCVD)和等离子增强化学气相沉积(PECVD)工艺。此外，液相外延法(LPPE)和溅射沉积法也可用来制备多晶硅薄膜太阳能电池。

多晶硅薄膜太阳能电池由于所使用的硅比单晶硅少，又无效率衰退问题，并且有可能在廉价衬底材料上制备，成本远低于单晶硅太阳能电池，而效率高于非晶硅薄膜太阳能电池，因此，多晶硅薄膜太阳能电池在不久的将来定会在太阳能电池市场上占据主导地位。

3) 非晶硅薄膜太阳能电池

开发太阳能电池的两个关键问题，一是提高转换效率，二是降低成本。由于非晶硅薄膜太阳能电池的成本低，便于大规模生产，而普遍受到人们的重视并得到迅速发展。其实早在 20 世纪 70 年代初，Carlson 等人就已经开始了对非晶硅薄膜太阳能电池的研制工作，近几年它的研制工作得到了迅速发展，目前世界上已有许多家公司在生产该种电池产品。

作为太阳能材料的非晶硅尽管是一种很好的电池材料，但由于其光学带隙为 1.7 eV，使得材料本身对太阳辐射光谱的长波区域不敏感，这样一来就限制了非晶硅太阳能电池的转换效率。此外，其光电效率会随着光照时间的延续而衰减，即所谓的光致衰退 S-W 效应，使得电池性能不稳定。解决这些问题的途径就是制备叠层太阳能电池。叠层太阳能电池是由在制备的 p、i、n 层结太阳能电池上再沉积一个或多个 p-i-n 子电池制得的。叠层太阳能电池提高转换效率、解决单结电池不稳定性的关键在于：① 它把不同禁带宽度的材料组合在一起，提高了光谱的响应范围；② 顶电池的 i 层较薄，光照产生的电场强度变化不大，保证了 i 层中的光生载流子抽出；③ 底电池产生的载流子约为单电池的一半，光致衰退效应减小；④ 叠层太阳能电池各子电池是串联在一起的。

非晶硅薄膜太阳能电池由于具有较高的转换效率、较低的成本及较轻的重量等特点，有着极大的潜力。但同时由于它的稳定性不高，直接影响了它的实际应用。如果能进一步解决稳定性及转换效率的问题，那么，非晶硅薄膜太阳能电池无疑将是太阳能电池的主要发展产品之一。

非晶硅太阳能电池其电池片的组成结构与晶硅类似，以 PN 结为中心，正背面封上导电层，然后以封装材料封装。图 1-13 为非晶硅/微晶硅叠层太阳能电池的结构图。

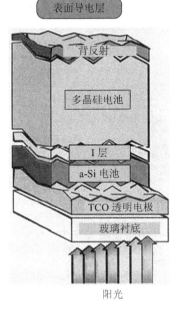

图 1-13　非晶硅/微晶硅叠层太阳能电池的结构

2. 化合物半导体太阳能电池

化合物半导体太阳能电池指由两种或两种以上元素组成的具有半导体特性的化合物半导体材料制成的太阳能电池，如硫化镉、砷化镓、硫化铟太阳能电池等。

碲化镉(CdTe)是 II-VI 族化合物，是直接带隙材料，禁带宽度为 1.45 eV。由于 CdTe 是直接带隙材料，其光吸收系数极大，厚度为 1 μm 的薄膜就可以吸收能量大于其禁带宽度限制下 99%的光，所以就降低了对材料扩散长度的要求，且其光谱响应与太阳能光谱十分吻合，是十分理想的太阳能电池吸光材料，已成为公认的高效、稳定、廉价的薄膜光伏器件材料。

图 1-14 是 First Solar 生产的 CdTe 薄膜太阳能电池，其电池结构由上到下依次为玻璃、前接触导电层(TCO)、半导体层(CdS 与 CdTe)、后接触导电层、封装胶膜(EVA)、衬底玻璃。

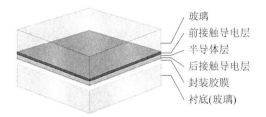

图 1-14　First Solar 生产的碲化镉(CdTe)薄膜太阳能电池

砷化镓(GaAs) III-V 族化合物及铜铟硒薄膜电池由于具有较高的转换效率受到了人们的普遍重视。GaAs 属于III-V族化合物半导体材料，其能隙为 1.4 eV，正好为高吸收率太阳光的值，因此是很理想的电池材料。GaAs 等Ⅲ-Ⅴ族化合物薄膜电池的制备主要采用 MOVPE 和 LPE 技术，其中 MOVPE 方法制备 GaAs 薄膜电池受衬底位错、反应压力、Ⅲ-Ⅴ比率、总流量等诸多参数的影响。

在化合物半导体材料中，除 GaAs、CdTe 以外，三元化合物半导体 CuIn(Ga)Se$_2$(CIGS) 薄膜材料是另一种重要的太阳能光电材料，占据了薄膜太阳能电池领域的很大比重。CIGS 薄膜电池在结构上由衬底、下电极、吸收层、缓冲层、窗口层、减反射膜和上电极构成，工艺的关键在于吸收层的制备，具体结构见图 1-15。

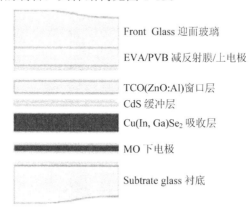

图 1-15　CIGS 薄膜电池结构

3. 有机半导体太阳能电池

有机半导体太阳能电池是指用含有一定数量的碳—碳键且导电能力介于金属和绝缘体之间的半导体材料制成的太阳能电池。

染料敏化纳米晶(DSSC)太阳能电池是在 20 世纪 90 年代才有较大突破的发电技术，有"第三代太阳能电池"之称。它与传统的 PN 结发电原理不同，PN 结形成电动势主要靠"内生电场"，而染料敏化技术主要靠电子的扩散作用形成电流。

自瑞士 Gratzel 教授研制成功纳米 TiO$_2$ 化学太阳能电池以来，国内一些单位也正在进行这方面的研究。纳米晶化学太阳能电池(简称 NPC 电池)是由一种在窄禁带半导体材料修饰下组装到另一种大能隙半导体材料上形成的。窄禁带半导体材料采用过渡金属 Ru 以及 Os 等有机化合物敏化染料，大能隙半导体材料为纳米多晶材料，用 TiO$_2$ 制成电极。此外，NPC 电池还选用了适当的氧化—还原电解质。纳米晶 TiO$_2$ 的工作原理是：染料分子吸收太阳光能跃迁到激发态，激发态不稳定，电子快速注入到紧邻的 TiO$_2$ 导带，染料中失去的电子则很快从电解质中得到补偿，进入 TiO$_2$ 导带中的电子最终进入导电膜，然后通过外回路产生光电流。

纳米晶 TiO$_2$ 太阳能电池的优点在于它廉价的成本和简单的工艺及稳定的性能。其光电效率稳定在 10% 以上，制作成本仅为硅太阳能电池的 1/5～1/10，寿命则能达到 20 年以上，但此类电池的研究和开发刚刚起步。

染料敏化纳米晶(DSSC)太阳能电池的结构示意如图 1-16 所示。在透明导电玻璃(FTO)上镀一层多孔纳米晶氧化物薄膜(TiO$_2$)，热处理后吸附上起电荷分离作用的单层染料构成光阳极。对电极(阴极)由镀有催化剂(如铂 Pt)的导电玻璃制成，中间充有具备氧化还原作用的电解液，经过密封剂封装后，从电极引出导线即制成染料敏化纳米晶太阳能电池。

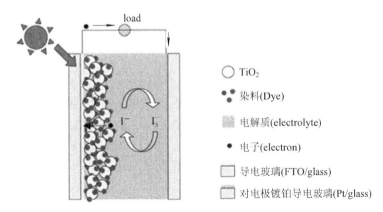

图 1-16 DSSC 太阳能电池结构示意图

第六节 太阳能光伏发电的应用前景

自从 1954 年贝尔实验室制造出第一个实用型 PN 结单晶硅太阳能电池以来，光伏发电开始进入了一个新的阶段。光伏发电首先应用在太空领域。1958 年美国先锋 I 号人造卫星以太阳能电池作为信号系统的电源，这标志了太阳能电池真正进入了实际应用阶段。随后，20 世纪 70 年代第一次石油危机爆发，使人们意识到开发利用新能源的必要性，光伏发电的地面应用在此后也得到了长足的发展。进入 20 世纪 90 年代，以美国为首的西方国家纷纷投入大量的人力、物力和财力支持地面用光伏技术的发展，从政策上带头推动光伏发电，随后便有了美国百万屋顶计划、德国十万屋顶计划等等。光伏发电的应用领域非常广泛，除了在太空用于卫星之外，地面上主要集中用于照明、通信、交通等领域。近年来光伏发电的应用范围有了新的趋势，光伏发电与建筑物结合(BIPV)以及并网发电，被公认是未来光伏发电的最大市场和最主要的方向。

目前的光伏发电主要有以下一些应用领域：

(1) 普通居住用电。对于边远地区如高原、海岛、牧区、边防哨所等军民生活用电，可组建 10～100 W 不等的小型离网发电系统，以满足用电需求。

(2) 室外照明。只要在室外能接收太阳光的地方，都可以采用太阳能灯照明，如庭院灯、路灯、手提灯、野营灯、登山灯等。

(3) 交通领域。太阳能在交通领域的应用非常广泛，如航标灯、交通信号灯、交通警示/标志灯、路灯、高空障碍灯、高速公路/铁路无线电话亭、无人值守道班供电等。

(4) 通信领域。可用于太阳能无人值守微波中继站、光缆维护站、广播/通信/寻呼电源系统；农村载波电话光伏系统、小型通信机、士兵 GPS 供电等。

(5) 太阳能汽车。太阳能电动车将会是未来汽车发展的一个方向。目前很多国家都在研制太阳能车，并进行交流和比赛。当成本降下来，转换效率提高之后，太阳能汽车也必将快速发展。

(6) 光伏电站。可组建 10 kW～100 MW 光伏电站、风光互补电站等，满足周边用电需求。

(7) 太阳能建筑。将太阳能发电与建筑材料相结合，即光伏建筑一体化(BIPV)，使得未来的大型建筑实现电力自给，是未来的一大发展方向。

一、光伏发电系统的类型

光伏发电到电能的使用，构成了一个发电系统。这个系统主要有两种形式。一种为独立的光伏供电系统。该系统中光伏阵列产生的电能仅供系统内的负荷所用，不与外界供电网络相连。该系统的组成结构主要有太阳能电池阵列、控制器、蓄电池、逆变器、直流(交流)负载等，如图 1-17 所示。偏远山区的太阳能发电系统、城市中的太阳能路灯、庭院灯等都是一种独立的光伏供电系统。

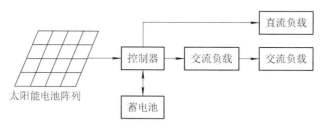

图 1-17　独立的光伏供电系统

另一种为并网光伏供电系统。此系统在独立光伏供电系统的基础上再与公共电网相连，将所发电输入公共电网，或者系统内部先使用，剩余的电输入公共电网。并网发电系统由太阳能电池阵列、控制器、逆变器、交流负荷等组成，如图 1-18 所示。并网供电系统可以节约蓄电池的成本以及每天的充放电损耗，是未来大规模使用光伏发电的一个方向。大型的太阳能发电站、光伏建筑一体化(BIPV)一般均采用并网发电的方式组成光伏供电系统。

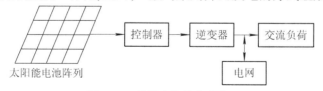

图 1-18　并网光伏供电系统

二、光伏建筑一体化(BIPV)

光伏建筑一体化 BIPV(Building-Integrated Photovoltaics)是应用太阳能发电的一种新概念，简单地讲就是将太阳能光伏发电方阵安装在建筑的外表面来提供电力。由于光伏方阵与建筑的结合不占用额外的地面空间，因此是最先进、最有潜力的高科技绿色节能建筑技术。BIPV 系统也是目前世界上大规模利用光伏技术发电的重要潜在市场。

光伏建筑一体化(BIPV)根据光伏系统与建筑物结合方式的不同可以分为两类。

第一类是光伏系统与建筑物的结合。将封装好的太阳能组件阵列依附在建筑物上面，即建筑物作为光伏阵列的支撑物。例如将太阳能组件阵列建在现存建筑物的屋顶上面，充分利用已建好的建筑物空闲的屋顶空间，为建筑物提供电力。如图 1-19 所示，太阳能光伏组件就安装在屋顶上面，充分利用了屋顶空间。

图 1-19　光伏系统与建筑物的结合

第二类是光伏器件与建筑材料的集成。一般建筑物的外表面主要是装饰瓷砖、玻璃幕墙等，可将光伏器件制成建筑物的装饰瓷砖、玻璃幕墙，作为建筑物的建筑材料。如建筑物的屋顶、外墙、窗户等不但可以起传统的保护、装饰作用，而且还可以用来发电，一举两得。当然，把光伏器件用作建筑材料，必须具备建筑材料所要求的条件，如坚固耐用、保温隔热、防水防潮、适当的强度和刚度等性能；若是用于窗户，则必须能够透光，即可发电、可采光；除此之外，还要考虑安全性能、外观和施工简便等因素。显然，光伏器件如能代替部分建筑材料，则可进一步降低光伏发电的成本，有利于推广应用，且存在着十分巨大的潜在市场。

例如，屋瓦型太阳能电池组件可铺盖于屋顶，代替普通屋瓦；用可挠性树脂材料为基底的大面积柔性薄膜电池组件，可随意剪裁成所需尺寸，铺设于各种建筑物屋顶，既可发电，又可防雨；墙体式组件可代替普通玻璃幕墙，也可安装在高速公路边上，与隔音墙成为一体。图 1-20 中显示了光伏器件与建筑材料集成的多种形式，如屋顶一体化、半透明幕墙、拱肩(上下层空间)、太阳能遮光檐和垂直幕墙等，这些集成形式都为光伏产业提供了巨大的发展市场。

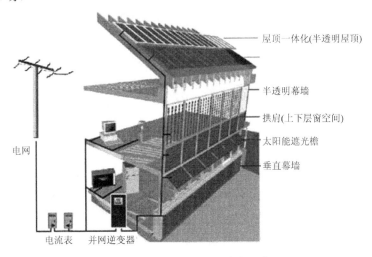

图 1-20　光伏器件与建筑材料的集成

下面对几种光伏建筑集成材料作简单说明。

1. 屋顶一体化

用光伏设备作屋顶面板时的理想屋顶应为斜屋顶。因为可以获得理想的倾角，相对于平屋顶而言，少了附加支撑带来的不协调。如果光伏板与屋顶成为一体，则夏天需要通风以降温，冬天则可以收集余热来采暖。

2. 光伏垂直面(拱肩、垂直幕墙)

由于大尺度新型彩色光伏模块的诞生，将其安装在垂直立面不仅节约了昂贵的外装饰材料(玻璃幕墙等)，减少了建筑物的整体造价，且使建筑物外观更有魅力。这种安装方式需注意的是，如果建筑有凸窗桄，必须保证窗桄较薄，使光电板上不至于有太多阴影。

3. 光伏玻璃窗

光伏玻璃窗有两种典型的系统。一种是半透明的光伏玻璃窗，更像浅色玻璃窗；另一种是在透明玻璃窗上安装不透明光电元件，这些元件的排列间距决定了玻璃窗的透光率，就像我们在玻璃窗上涂上井字网一样。太阳能电池可以和不同的玻璃结合制成各种特殊的玻璃幕墙和天窗，如隔热玻璃组件、防紫外线玻璃组件、防盗或防弹玻璃组件、防火组件等等。目前有一种仅用红外辐射发电的光电玻璃窗正在研制中，这样既可以发电又可降低昼光温度，正是多数向南的办公大楼所需要的。

4. 光伏遮光檐

光电系统既可整体组合于入口雨篷中，也可组合于一些独立式遮阳结构中。就目前而言，虽然遮光电板用于露天停车场遮阳上的费用较高，但遮阳结构与光电发电器相结合终究物有所值。随着电力汽车数量的增加，这些结构最终会成为理想的充电站。

三、光伏环境一体化(EIPV)

光伏环境一体化(EIPV)概念是建立在高效彩色太阳能电池产品基础之上的，这个概念一经提出，便立即得到了中国台湾地区和美国同行的响应，因为该概念比光伏建筑一体化具有更为广泛的应用领域，将会得到大范围的推广和应用。

EIPV是根据节能、环保、安全、美观和经济实用的总体要求，将太阳能光伏发电作为环境体系的一部分，并纳入了建设工程的基本建设程序，与其同步设计、同步施工、同步验收、同时投入使用、同步后期管理，从而成为环境有机组成部分的一种理念、一种设计、一种工程的总称。

20世纪90年代随着常规发电成本的上升和人们对环境保护的日益重视，一些国家纷纷实施、推广太阳能屋顶计划。光伏建筑一体化的概念也在这时候被正式提出，并很快成为热门话题。但是大规模应用的常规晶体硅电池板都是黑色或者蓝色，将这些电池板安装在建筑物上，很难在颜色上与其协调一致，而建筑物作为环境和城市的景观，对外观色彩的要求又非常高。将常规太阳能电池做成其他颜色会导致电池的转换效率急剧下降，因此将常规太阳能电池应用于建筑物面临一个两难选择：要么牺牲建筑物外形的美观，要么牺牲光伏系统的发电效率。

高效率彩色太阳能电池产品解决了这个两难问题，各种颜色的太阳能电池既不会降低其转换效率，又可以根据不同环境将其融入建筑物的设计中，从而形成与环境的完美结合。

2010 年的上海世博会是一个新能源技术集中亮相的舞台。在世博会中国馆"新九州清宴"的园林四周，由红、绿、蓝三种颜色，共计 2800 块高效彩色双玻太阳能电池组件铺就的太阳能发电系统(图 1-21)成为了中国馆的 EIPV 系统，引起了人们的关注。这条足有一公里长的太阳能发电系统不仅能为中国馆提供 250 千瓦的清洁电力，更与周围"新九州清宴"的园林相映成趣，成为世博园中的一大景观。

图 1-21　上海世博会中国馆的 EIPV

彩色太阳能电池是在单、多晶硅太阳能电池的基础上，通过特定工艺加工制成的，其主要颜色包括蓝色、绿色、砖红色、褐色、紫色、灰色等，其转换效率在 14.5%～16.5%之间。其设计可与建筑物和房屋的外观色彩相结合，以增强色彩的协调性。高效彩色太阳能产品的推出，不仅解决了太阳能光伏系统在建筑方面的应用问题，有利于光伏建筑一体化(BIPV)市场的迅速扩大，而在此基础上提出的光伏环境一体化(EIPV)的概念，则可以将太阳能光伏发电系统广泛应用于小区、园林、绿化带、风景区等对环境美化要求非常高的场所，大大拓展了太阳能光伏系统的应用市场。

习　题　一

一、选择题

1. 在硅晶体中掺入硼、镓等元素，形成(　　)半导体。

A．电子型　　　　B．空穴型　　　　C．纯净半导体　　D．同质

2. PN 结形成电动势主要靠(　　)。

A．电子　　　　　B．离子　　　　　C．电荷　　　　　D．内生电场

3. (　　)年，德国提出"2000 个光伏屋顶计划"，每个家庭的屋顶装设 3～5 kWp 的光伏电池。

A．1919　　　　　B．2003　　　　　C．1990　　　　　D．2010

4. 1997 年，日本(　　)提出到 2010 年生产 43 亿 Wp 光伏电池。

A．新阳光计划　　　　　　　　　B．百万屋顶计划

C．标杆电价　　　　　　　　　　D．度电补贴

5．1839 年，法国科学家(　　　)发现"光生伏特效应"，即"光伏效应"。

　　A．贝克勒尔　　B．皮尔斯　　C．爱因斯坦　　D．马丁·格林

6．太阳能(　　　)通过利用太阳辐射产生的热能发电。

　　A．热发电　　B．光伏发电　　C．光合能　　D．光能

二、简答题

1．简述什么是光伏建筑一体化(BIPV)。

2．简述什么是同质结光伏电池。

3．简述 PN 结的形成过程。

4．名词解释：太阳常数。

第二章　半导体技术基础

太阳能电池是一种将光能转换成电能的半导体器件，掌握太阳能电池半导体技术基础知识，对于深入理解太阳能电池的工作原理、制造工艺和光伏系统应用有很大的帮助。本章主要介绍半导体的定义、晶体结构、常用半导体材料分类，半导体的电学特性、光学特性、化学特性以及半导体的界面与类型，并分析太阳能电池的物理特性。本章内容将为后续章节的学习奠定基础。

第一节　半导体的定义和分类

一、半导体的定义

本书涉及的太阳能电池半导体材料为固体材料，对于固体材料，按其导电能力的强弱可以分为导体、半导体和绝缘体 3 种类型。具有良好导电能力的物质叫做导体，如银、铜、铝等金属材料是良好的导体，具有很低的电阻率，介于 $10^{-4} \sim 10^{-8} \ \Omega \cdot cm$ 之间；导电能力很差或不能导电的物质叫做绝缘体，如橡胶、玻璃、陶瓷等是良好的绝缘体，具有很高的电阻率，介于 $10^{8} \sim 10^{18} \ \Omega \cdot cm$ 之间；导电能力介于导体和绝缘体之间的物质叫做半导体，如硅、锗、砷化镓等半导体材料，其电阻率约为 $10^{-4} \sim 10^{8} \ \Omega \cdot cm$，图 2-1 为金属、绝缘体、半导体材料示例。

(a) 铜块　　　　　　　　　(b) 橡胶　　　　　　　　(c) 单晶硅棒

图 2-1　金属、绝缘体、半导体材料示例

半导体与导体和绝缘体的导电特性相比，最显著的特性是半导体的导电能力容易受温度、光照、电场、磁场及材料中杂质原子的影响而发生显著的改变。

二、半导体材料的分类

半导体材料的种类很多，一般按化学成分和内部结构，大致可分为以下几类：

1．元素半导体

由单一元素组成的半导体称为元素半导体。元素半导体大约有十几种，处于ⅢA-ⅦA族的金属与非金属的交界处，如 Ge(锗)、Si(硅)、Se(硒)、Te(碲)等，如图 2-2 的化学元素周期表所示。其中锗是最早实现提纯的，但由锗制成的半导体器件热稳定性和抗辐射性能较差，因此逐渐被硅材料所取代。硅是地球上储存量最丰富的半导体元素，提纯和晶体生长工艺相对简单，热稳定性好，是目前应用最广、用量最大的半导体材料，用于制造晶体管、集成电路、太阳能电池等半导体器件。

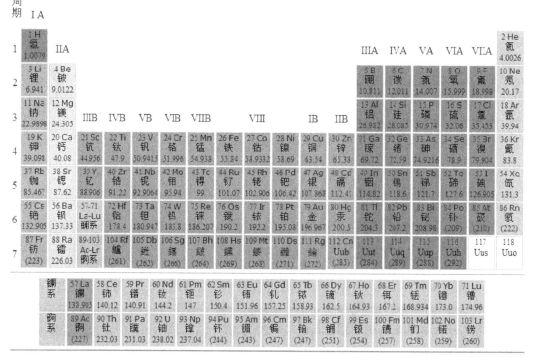

图 2-2　化学元素周期表

2．化合物半导体

化合物半导体是由元素周期表(图 2-2)的第ⅡB族、第ⅢA族、第ⅣA族、第ⅥA族等的两种或两种以上的元素化合而成的。例如，Ⅲ-Ⅴ族半导体 GaN、GaP、GaAs 等，Ⅱ-Ⅵ族化合物 ZnS、ZnSe、ZnTe、CdS、CdSe、CdTe、HgS、HgSe 和 HgTe 等。经过多年的发展，化合物半导体材料从二元、三元发展到了四元。

3．固溶体半导体

固溶体半导体是由两个或多个晶格结构类似的元素化合物互溶而成的。它又有二元系和三元系之分，如ⅣA-ⅣA组成的 Ge-Si 固溶体，ⅤA-ⅤA组成的 Bi-Sb 固溶体。

4．非晶态半导体

原子排列短程有序、长程无序的半导体称为非晶态半导体，主要有非晶 Si、非晶 Ge、非晶 Te、非晶 Se 等元素半导体及 GeTe、As_2Te_3、Se_2As_3 等非晶化合物半导体。

5. 有机半导体

有机半导体分为有机分子晶体、有机分子络合物和高分子聚合物，一般指具有半导体性质的碳−碳双键有机化合物。

第二节　半导体能带理论

一、原子中的电子能级

在孤立原子中，原子核外的电子按照一定的壳层排列，每一壳层容纳一定数量的电子。每个壳层上的电子具有分立的能量值，也就是电子按能级分布。为简明起见，在表示能量高低的图上，用一条条高低不同的水平线表示电子的能级，此图称为电子能级图。靠近原子核的能级，因电子受的束缚强，能级就低；远离原子核的能级，因电子受的束缚弱，能级就高。以氢原子为例，原子核外只有一个电子绕核运动。我们将电子刚好脱离原子核的束缚成为自由电子时的能量定为能量的零点，即为 0 eV。eV 表示一个电子其电位增加 1 V 时所增加的能量。氢原子中电子的能量为

$$E_0 = \frac{m_0 q^4}{8\varepsilon_0^2 h^2 n^2} = -\frac{13.6}{n^2} \qquad n = 1, 2, 3 \cdots \tag{2-1}$$

式中，m_0 是自由电子的惯性质量；q 是电子的电荷量；ε_0 为真空介电常数；h 为普朗克常数；n 为主量子数。

根据式(2-1)可以得到如图 2-3 所示的氢原子能级图。从图中可知，氢原子中电子的能量是分离的。电子可能处在不同的能级上，但不会停留在两个相近的能级之间。在正常状态下，氢原子处在能量最低的能级上。当电子从外界吸收能量时，从低能级跃迁到高能级上，这个过程称为激发，电子处在高能级的状态称为激发态。当电子吸收的能量足够多时，就可脱离原子核束缚成为自由电子。处在激发态的电子对外释放能量后会重回到低的能级。

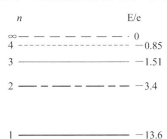

图 2-3　氢原子的能级图

电子在原子中的分布遵从两个原理。一个是泡利在 1925 年指出的，即在原子中，不可能有两个或两个以上的电子具有完全相同的量子态。也就是说，原子中任何两个电子的量子数不可能完全相同。这就是泡利不相容原理。另一个是能量最小原理，它指出当原子处于正常状态时，原子中的电子尽可能地占据未被填充的最低能级[1]。因此，在任何一个系

统的每一个能级中，最多只能容纳两个自旋方向相反的电子。如果一个原子含有多个电子，则其电子不能同时都处在同一能级上。它的电子首先填充能量最低的能级，然后按能量由小到大的次序，依次填满其他能级。与其相对应的是，电子首先填满距原子核较近的轨道。电子轨道有多个壳层，在每一个壳层中又分成几个亚壳层。每个壳层可容纳的电子数各不相同，如表 2-1 所示。

表 2-1　电子壳层可容纳的电子数

主量子数壳层	亚壳层电子数							电子总数
	s	p	d	f	g	h	i	
1	2							2
2	2	6						8
3	2	6	10					18
4	2	6	10	14				32
5	2	6	10	14	18			50
6	2	6	10	14	18	22		72
7	2	6	10	14	18	22	26	98

以半导体硅材料为例，一个硅原子共有 14 个绕核运转的电子，在第一层 1s 能级上填满 2 个电子，在第二层 2s、2p 能级上填满 8 个电子，在第三层 3s、3p 能级上填充 4 个电子，则把原子最外层的电子称为价电子。

二、晶体中电子的能带

1. 晶体中电子的共有化运动

原子与原子相距较远时，绕核运动的电子分别属于各原子私有。当原子相互接近形成晶体时，不同原子的内外各电子壳层之间就有一定程度的交叠，相邻原子最外层交叠最多，内壳层交叠较少。原子组成晶体后，由于电子壳层的交叠，最外层的电子不再完全局限在某一原子上，可以由一个原子转移到相邻的原子上。这样，价电子不再属于某一个原子所有，而是整个晶体共有。这种现象称为价电子的共有化运动。如图 2-4 所示，硅原子的价电子会在相邻原子的轨道上运动，从而使价电子的运动区域涉及整个晶体。

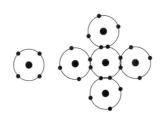

图 2-4　硅原子的价电子轨道重叠运动示意图

2. 晶体中电子能带的形成

晶体中电子作共有化运动后，使本来处于同一能量状态的电子产生微小的能量差异，原有的单一能级会分裂成 m 个相近的能级。如果 N 个原子组成晶体，每个原子的能级都会分裂成 m 个相近的能级，则有 m×N 个能级组成能量相近的能带。这些分裂能级的总数量很大，因此，该能带中的能级可看做连续的。此时，共有化的电子不是在一个能级内运动，而是在晶体的能带间运动，这些能带称为允带。允带之间没有电子运动，称为禁带。于是原来孤立的原子能级扩展为能带，如图 2-5 所示。

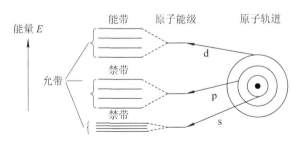

图 2-5　原子能级分裂成能带示意图

图 2-6 为孤立的硅原子能级如何形成硅晶体能带过程的示意图。当原子间的距离较大时，每个孤立的原子均有其分立的能级。若只考虑最外层(n=3 能级)的价电子，如图 2-6 右端所示，由之前的知识可知，每个硅原子的 3s 能带中有 2 个电子 3s 能带是全满的；3p 能带中只有 2n 个电子，这时它的 3p 能带是不满的。当原子和原子间的距离缩短时，硅原子的 3s 及 3p 轨道将彼此重叠，原来独立的能级分裂，形成能带；当原子间距进一步缩小时，3s、3p 不同的分立能级所形成的能带失去其特性而合并成一个能带；当原子间距接近金刚石晶格中原子间的平衡距离 5.43Å 时(硅的晶格常数为 5.43Å)，合并的能带将再度分裂成为两个能带。把两个能带之间的区域称为禁带或带隙，用 E_g 表示。禁带上面的能带称为导带，禁带下面的能带称为价带。在热力学温度为零度(0 K)时，电子占据最低能态，因此价带上的所有能态将被电子填满，被填满的价带称为满带。而导带的所有能态将没有电子，没有电子的导带称为空带。导带底部的能量用 E_c 表示，价带顶部的能量用 E_v 表示，禁带为导带底到价带顶的能量差，即禁带宽度 $E_g = E_c - E_v$。

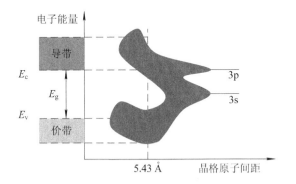

图 2-6　硅晶体能带形成过程示意图

由于不同晶体的原子是不同的，这些原子结合成晶体的方式也是不同的，因此，不同晶体的能带结构是不同的，主要表现在能带的宽窄、禁带宽度的大小以及电子填充能带的情况方面。晶体实际的能带结构图比较复杂，为了分析的简便，我们把复杂的能带结构图进行简化，如图 2-7(a)所示。

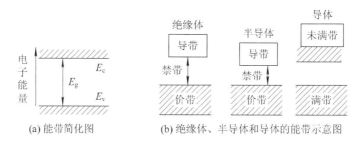

(a) 能带简化图　　(b) 绝缘体、半导体和导体的能带示意图

图 2-7　晶体能带简化图

　　一般情况下，导体没有禁带，价带与导带重叠，导带没有被电子完全填满，在外电场作用下，导带中的自由电子可从外电场吸收能量，跃迁到自身导带中未被占据的较高能级上，形成电流。绝缘体具有被电子填满的价带(满带)，导带无电子是空带，禁带宽度很大，电子很难在热激发或外电场作用下获得足够的能量由满带跃入空带，从而呈现很大的电阻，无法传导电流。半导体的能带与绝缘体相似，在绝对零度(0K)时，它也有填满电子的价带和全空的导带，所不同的是，它的禁带宽度较窄，热激发或外电场较容易把满带中能量较高的电子激发到空带，把空带变为导带，因而具备一定的导电能力。综上所述，绝缘体、半导体、导体有不同的能带，绝缘体有被电子完全填满的价带和全空的导带，同时禁带宽度较宽；半导体在绝对零度时也有全满的价带和全空的导带，然而禁带宽度较窄(一般低于 3 eV)；导体的价带是不满的，因此它的价带就是导带。

第三节　半导体的电学特性

　　半导体的导电性是由内部载流子的运动导致的，而载流子的运动规律跟半导体本身的晶体结构、掺杂程度及外部条件(电场、光照、温度)等因素有关。本节首先讨论半导体的杂质和缺陷及由此引发的能级的变化，然后分析在无外场和有外场作用下，半导体载流子的一些特性及非平衡载流子的运动情况。

一、半导体的杂质和缺陷

1. 本征半导体和杂质半导体

　　完全不含杂质且无晶格缺陷的纯净半导体称为本征半导体。硅和锗都是四价元素，其原子核最外层有四个价电子，它们都是由同一种原子构成的"单晶体"，属于本征半导体，如图 2-8 所示为硅原子的共价键结构。共价键具有很强的结合力，从硅的原子中分离出一个电子需要 1.12 eV 的能量，该能量称为硅的禁带宽度 E_g。被分离出来的电子成为自由电子，它能自由移动并传送电流。与此同时，在共价键中留下一个空位，称为空穴。在本征半导体中，自由电子和空穴是成对出现的，两者

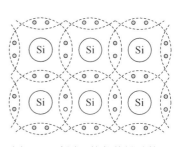

图 2-8　硅原子的共价键结构

数目相等。

如果在纯净的硅晶体中掺入少量的五价杂质磷(或砷、锑等)，由于磷原子具有 5 个价电子，所以 1 个磷原子同相邻的 4 个硅原子结成共价键时，还多余 1 个价电子，这个价电子很容易挣脱磷原子核的束缚而变成自由电子。所以一个掺入五价杂质磷的四价半导体就成了 N 型半导体。在 N 型半导体中，除了由于掺入杂质而产生大量的自由电子以外，还有由于热激发而产生的少量的电子—空穴对。然而空穴的数目相对于电子的数目是极少的，所以在 N 型半导体材料中，空穴数目很少，称为少数载流子(简称少子)；而电子数目很多，称为多数载流子(简称多子)。相应地，这些杂质被称为 N 型掺杂剂(施主杂质)，如图 2-9(a)所示。

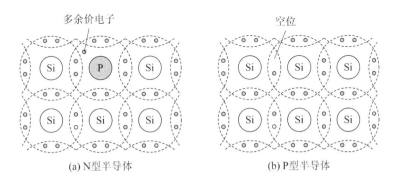

(a) N型半导体   (b) P型半导体

图 2-9 杂质半导体

同样，如果在纯净的硅晶体中掺入三价杂质，如硼(或铝、镓、铟等)，这些三价杂质原子的最外层只有 3 个价电子，当它与相邻的硅原子形成共价键时，还缺少 1 个价电子，因而在一个共价键上要出现一个空穴，因此掺入三价杂质的四价半导体也称为 P 型半导体。对于 P 型半导体，空穴是多数载流子，而电子为少数载流子。相应地，这些杂质被称为 P 型掺杂剂(受主杂质)，如图 2-9(b)所示。

2．杂质能级

在本征半导体中，原子按严格的周期性排列，具有完整的晶格结构，晶体中无杂质、无缺陷。电子在周期场中作共有化运动，形成导带和禁带——电子能量只能处在导带中的能级上，禁带中无能级。

实际上，如果晶体在生长过程中有缺陷产生或有杂质引入，都会破坏晶体的周期性排列，凡是被破坏的对应位置都称为缺陷。实际材料的缺陷是不可避免的。从缺陷的产生来分，有本征缺陷和杂质缺陷两种。本征缺陷是在半导体材料制备过程中无意引入的，使得半导体晶格结构并不是完整无缺的，而是存在着各种形式的缺陷，如点缺陷、线缺陷、面缺陷等。杂质缺陷是因为半导体材料纯度不够，杂质原子替代了基质原子。杂质和缺陷可在禁带中引入能级，从而对半导体的性质产生决定性的作用。

按电离能的大小及在能带中的位置，杂质能级可分为浅能级和深能级。

电离能小的杂质称为浅能级杂质，指施主能级靠近导带底，受主能级靠近价带顶，如图 2-10(a)所示。室温下，掺杂浓度不很高的情况下，浅能级杂质几乎可以全部电离。五价元素磷、锑在硅、锗中是浅施主杂质，被施主杂质束缚的电子的能量处于禁带中，且靠近导带底 E_c，称为施主能级。施主杂质少，原子间相互作用可以忽略，施主能级是具有相同能量的孤立能级。同理，三价元素硼、铝、镓、铟在硅、锗中为浅受主杂质。受主杂质接受电子跃迁到杂质能级，此杂质能级距价带顶很近。

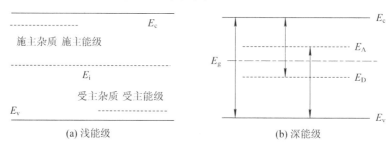

(a) 浅能级　　　　　　　　　　(b) 深能级

注：E_i 为本征费米能级，E_A 为受主能级，E_D 为施主能级。

图 2-10　杂质能级

如果杂质能级的位置处于禁带中心附近，如图 2-10(b)所示，电离能较大，在室温下，处于这种杂质能级上的杂质一般不电离，对半导体材料的载流子没有贡献，但可以作为电子或空穴的复合中心，影响非平衡少数载流子的寿命，这种杂质称为深能级杂质，所引起的能级为深能级。深能级杂质可以多次电离，在禁带中引入多个能级，可以是施主能级，也可以是受主能级，甚至可以同时引入施主能级和受主能级。深能级可起到复合中心的作用，使少数载流子寿命降低。对硅太阳能电池而言，这些深能级杂质是有害的，会直接影响太阳能光电转换效率。图 2-11 是对含不同杂质的硅所推算得到的电离能大小，可见，单一原子中有可能形成许多能级。

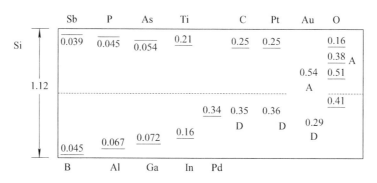

图 2-11　硅晶体中的杂质能级

3. 缺陷能级

半导体晶体中偏离完整结构的区域称为晶体缺陷，包括点缺陷、线缺陷、面缺陷和体缺陷，都有可能在禁带中引入相关能级，即缺陷能级。

元素半导体中的点缺陷主要是空位、间隙原子和杂质原子。杂质原子引入杂质能级。在晶体中出现空位时，空位相邻的 4 个原子各有一个未饱和的悬挂键，倾向于接受电子，呈现出受主性质，如图 2-12(a)所示。间隙原子硅有 4 个价电子，可以提供给硅自由电子，呈现出受主性质，如图 2-12(b)所示。

对于化合物半导体，负离子空位和正离子填隙都可能产生正电中心，给基体提供电子，起施主作用，引入施主能级。相反，正离子空位和负离子填隙可能产生负电中心，引入受主型的缺陷能级，如图 2-13 和图 2-14 所示。

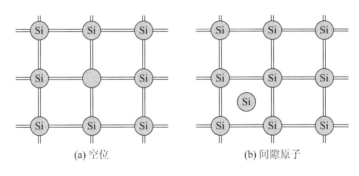

(a) 空位 (b) 间隙原子

图 2-12 硅元素半导体中的空位和间隙原子

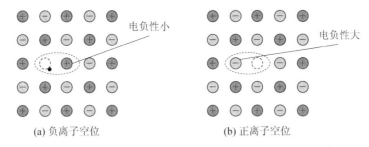

(a) 负离子空位 (b) 正离子空位

图 2-13 化合物半导体中的空位

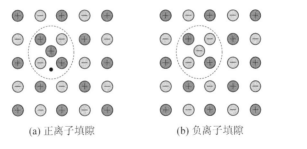

(a) 正离子填隙 (b) 负离子填隙

图 2-14 化合物半导体中的间隙原子

　　线缺陷主要指位错，有刃位错、螺位错和混合位错。一般认为，位错具有悬挂键，可在禁带中引入缺陷能级。面缺陷主要包括晶界和晶面，因为晶界和晶面都有悬挂键，所以可以在禁带中引入缺陷能级，多数为深能级。体缺陷是三维空间的缺陷，如沉淀或空洞，其本身一般不引起缺陷能级，但它们和基体的界面往往会产生缺陷能级。

　　缺陷能级会影响少数载流子的寿命，从而影响太阳能光电材料的光电转换效率，所以，太阳能光电材料要提高纯度，减少杂质能级，尽量保证晶体结构的完整，减少晶体缺陷。

二、热平衡下的载流子

　　在一定的温度下，半导体中的载流子(电子和空穴)来源于：① 电子从不断的热振动的晶格中获得能量，从价带或者杂质能级激发到导带，在价带留下空穴的本征激发；② 施主或受主杂质的电离激发。同时，与载流子的热激发过程相对应，电子从导带回到价带或杂质能级上，与空穴复合。最终载流子的产生过程与复合过程之间处于动态平衡，这种状态就叫热平衡状态，如图 2-15 所示。此动态平衡下的载流子称为热平衡载流子。

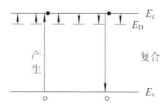

图 2-15　载流子的产生与复合

1. 费米分布函数

当半导体处于热平衡状态时，电子作为费米子，服从费米–狄拉克统计分布，费米分布函数用 $f(E)$ 描述。$f(E)$ 表示能量为 E 的能级上被电子填充的概率：

$$f(E) = \frac{1}{\mathrm{e}^{\frac{E-E_F}{kT}} + 1} \tag{2-2}$$

式中，k 为波尔兹曼常数；T 为热力学温度；E_F 为费米能级，定义为在该能级上的一个状态被电子占据的概率正好是 1/2。它代表了电子填充能级的高低，是系统中电子的化学势，在一定意义上代表电子的平均能量。费米能级的位置与电子结构、温度及导电类型等有关。对一定的材料而言，$f(E)$ 仅是温度的函数，如图 2-16 所示。

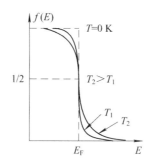

图 2-16　费米函数随温度的变化

当 $T = 0$ K 时，电子在能量小于 E_F 能级上的填充概率 $f(E) = 1$，当能量大于 E_F 时，$f(E) = 0$。这说明在绝对零度时，比 E_F 小的能级被电子占据的概率为 100%，没有空的能级，而比 E_F 大的能级被电子占据的概率为 0，全部能级都空着。

当 $T > 0$ K 时，$E < E_F$，$f(E) > 1/2$；$E > E_F$，$f(E) < 1/2$；$E = E_F$，$f(E) = 1/2$。这说明温度不是很高时，小于 E_F 的能级被电子占据的概率随能级升高而逐渐减小，大于 E_F 的能级被电子占据的概率随能级降低而逐渐增大。也就是说，在 E_F 附近能量小于 E_F 的能级上的电子吸收能量后跃迁到大于 E_F 的能级上，在原来的地方留下空位。可以看出，电子从低能级跃迁到高能级，相当于空穴从高能级跃迁到低能级，电子占据的能级越高，空穴占据的能级就越低。

当温度升高，$T \gg 0$ K 时，$E < E_F$，$f(E)$ 减小；$E > E_F$，$f(E)$ 增加。E_F 越高，说明有较多的能量较高的电子态上有电子占据。无论怎样，电子占据 E_F 的概率在各种温度下总是 1/2。当温度一定时，费米能级的位置由杂质浓度所决定，例如 N 型半导体，随着施主浓度的增加，费米能级从禁带中线逐渐移向导带底方向，杂质全部电离的施主浓度 N_D 越大，费米能级位置越高。对于 P 型半导体，随着受主杂质浓度的增加，费米能级从禁带中线逐渐移向价带顶附近，掺入的受主浓度 N_A 越大，费米能级位置越低，如图 2-17 所示。在杂质半导体中，费米能级的位置不但反映了半导体的导电类型，而且还反映了半导体的掺杂水平。

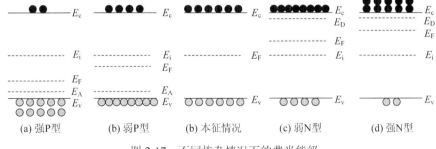

(a) 强P型　　(b) 弱P型　　(b) 本征情况　　(c) 弱N型　　(d) 强N型

图 2-17　不同掺杂情况下的费米能级

2．半导体的载流子浓度

实践表明，半导体的导电性与温度密切相关。实际上，这主要是由于半导体中的载流子浓度随温度剧烈变化所造成的。所以，要深入了解半导体的导电性，必须研究半导体中载流子浓度随温度变化的规律。

当半导体的温度大于绝对零度时，就有电子从价带激发到导带，同时价带中产生空穴，这就是本征激发。由于电子和空穴成对出现，电子载流子浓度 n_0 和空穴载流子浓度 p_0 相等，称为本征浓度 n_i。本征半导体的载流子浓度一般为 10^{10} 个/cm^3，基本上不导电。不同的半导体材料在不同的温度下其本征浓度不同。可以证明，一定的半导体材料，其本征载流子浓度 n_i 随温度上升而迅速增加。本征半导体的费米能级用符号 E_i 表示，称为本征费米能级，基本上在禁带中线处。

对于杂质半导体，因为杂质的电离能比禁带宽度小得多，所以杂质的电离和半导体的本征激发就会发生在不同的温度范围。在极低温度时，首先是杂质电子从施主能级激发到导带，或杂质空穴从受主能级激发到价带，随着温度的升高，载流子浓度不断增大，最后达到饱和电离，即所有杂质都电离，对应的温度区域称为杂质电离区。此时，本征激发的载流子浓度依然较低，总的载流子浓度主要由电离的杂质浓度决定，且基本恒定，称为非本征区。当温度继续升高，本征激发的载流子大量增加时，总的载流子浓度由电离的杂质浓度和本征载流子浓度共同决定，对应的温度区域称为本征区。显然，要想准确控制半导体的载流子浓度和电学性能，必须让包括太阳能电池在内的半导体器件工作在非本征区。此时，载流子主要由杂质浓度决定，如图 2-18 所示。

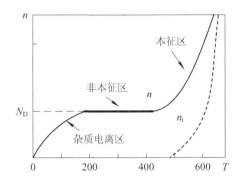

图 2-18　N 型 Si 中电子浓度 n 与温度 T 的关系

三、非平衡载流子

在一定的温度条件下，当受到外界作用(光照、电场等)时，半导体载流子浓度会发生变化，偏离热平衡状态，这种状态就是非平衡状态。对于 N 型半导体，平衡状态时的电子是多数载流子，非平衡状态时注入的空穴称为非平衡少数载流子。对于 P 型半导体，平衡状态时的空穴是多数载流子，非平衡状态时注入的电子称为非平衡少数载流子。

非平衡载流子多半是少数载流子。由于半导体电中性条件的要求，一般不能向半导体内部注入或者从半导体内部抽出多数载流子，而只能够注入或者抽出少数载流子，所以半导体中的非平衡载流子一般就是非平衡少数载流子。非平衡少子的浓度通常高于平衡态少子的浓度。

1. 非平衡载流子的产生与复合

非平衡载流子产生的方式有两种：① 加外电压，通过半导体界面把载流子注入半导体，使热平衡受到破坏；② 在光照的作用下产生非平衡载流子，表现为价带中的电子吸收了光子能量从价带跃迁到导带，同时在价带中留下等量的空穴。下面以光照为例，讨论非平衡载流子的产生与复合。

当半导体被能量为 E 的光子照射时，如果 E 大于禁带宽度，半导体价带上的电子就会吸收光子能量而被激发到导带上，产生新的电子—空穴对，此过程称为非平衡载流子的产生或注入，如图 2-19 所示。

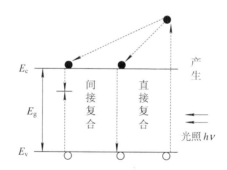

图 2-19 光照下非平衡载流子的产生与复合

非平衡载流子产生后并不稳定，要重新复合。导带中的电子直接落入价带与空穴复合，使一对电子—空穴消失，这是直接复合。若禁带中有缺陷能级，价带上的电子会被激发到缺陷能级上，非平衡载流子通过禁带中的杂质和缺陷能级进行复合。这种对非平衡载流子的复合起促进作用的杂质和缺陷，称为复合中心。复合中心能级越接近禁带中央，促进复合的作用也就越强。

非平衡载流子复合时，会释放多余的能量，根据能量的释放方式，复合可分为以下三种。

(1) 发光复合或辐射复合：载流子复合时，发射光子，产生发光现象。

(2) 非辐射复合：载流子复合时，发射声子，载流子将多余的能量传递给晶格，加强晶格的振动，产生热能。

(3) 俄歇复合：载流子复合时，将能量给予其他的载流子，增加它们的动能。

非平衡载流子产生后，可能出现不同的复合方式。一般而言，禁带宽度越小，直接复合的概率越大。位于禁带中央附近的深能级是最有效的复合中心，而浅能级，即远离禁带中央的能级，不能起有效的复合中心的作用。

2．非平衡载流子的寿命

非平衡载流子的寿命即非平衡少数载流子的寿命。例如，对 N 型半导体，非平衡载流子的寿命也就是非平衡空穴的寿命。

如果外界作用始终存在，非平衡载流子不断产生又不断复合，达到新的平衡。外界作用消失后，产生的非平衡载流子因复合而消失，但这个过程不可能是瞬间完成的，需要经过一段时间，非平衡载流子通过复合而消亡所需要的时间，就称为非平衡载流子的寿命，记为 τ，它表示非平衡载流子浓度衰减到原来数值的 $1/\tau$ 所经历的时间，所以 $1/\tau$ 就是非平衡载流子在单位时间内被复合消失的概率。寿命是非平衡载流子的一个重要特征参量，其大小将直接影响到半导体器件的性能。

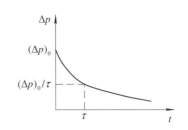

图 2-20　非平衡载流子随时间的衰减

τ 值越大，非平衡载流子复合得愈慢；τ 值越小，则复合得越快。从图 2-20 可以看出，非平衡载流子浓度的衰减是时间的指数函数。

3．非平衡载流子的漂移与扩散

半导体无外场(如电场、磁场、温度场)作用时，载流子热运动是无规则的，运动速度各向同性，不引起宏观迁移，从而不会产生电流。加外场作用时，将会引起载流子的宏观迁移，从而形成电流。在半导体中，载流子形成电流有两种方式：一是在电场作用下由载流子的漂移运动产生，这种电流称为漂移电流；二是由于载流子浓度不均匀而形成的扩散运动，所产生的电流称为扩散电流。

1) 漂移运动与迁移率

在有外电场作用时，具有电荷的非平衡载流子会受到电场的作用，产生新的运动，称为电场下的漂移，如图 2-21 所示。载流子从电场不断获得能量而加速，所以漂移速度与电场有关。

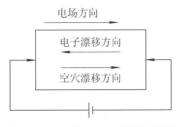

图 2-21　电子、空穴的漂移电流

对于一个恒定电场，漂移运动速度 v 与电场强度 F 成正比，即 $v = \mu F$。比例系数 μ 称为迁移率，定义为单位电场作用下载流子获得的平均漂移速度，单位为 $cm^2/V \cdot s$。迁移率是用来描述半导体中载流子在单位电场下运动快慢的物理量，它是表示半导体电迁移能力的重要参数。原则上，迁移率是电场的函数，但在弱场下可以看做常数。太阳能电池通常工作在低电场条件下。

值得注意的是，电子和空穴的迁移率是不同的，因为它们的平均自由时间和质量不同，一般电子迁移率大于空穴迁移率。同时，当杂质浓度一定时，迁移率随温度升高而减小；当温度一定时，迁移率随杂质浓度增大而减小。

2) 载流子的扩散运动

扩散是因为无规则热运动而引起的粒子从高浓度处向低浓度处的有规则的输运，扩散运动起源于粒子浓度分布的不均匀性，是载流子的重要运动方式。均匀掺杂的半导体，由于不存在浓度梯度，也就不产生扩散运动，其载流子分布也是均匀的。

当一束光入射到半导体材料上时，在半导体表面薄层内就产生了非平衡载流子，而内部没有光注入，由于表面和体内存在了浓度梯度，从而引起非平衡载流子由表面向内部扩散。设无光照时，N 型半导体的电子浓度在空间均匀分布，为 n_0；光照后，在光照的 x 方向上，电子浓度的分布为 $n(x)$，光生电子沿 x 方向的浓度变化 $\Delta n(x) = n(x) - n_0$，扩散运动形成的扩散电流密度为

$$J_{n扩} = qD_n \frac{\mathrm{d}n}{\mathrm{d}x} \tag{2-3}$$

扩散电流密度与浓度梯度方向相反，又电子带负电，所以式(2-3)中的 $J_{n扩}$ 没有负号。类似地，空穴的电流密度为

$$J_p = -qD_p = \frac{\mathrm{d}n}{\mathrm{d}x} \tag{2-4}$$

式中，D_n、D_p 分别为电子和空穴的扩散系数，单位是 $\mathrm{cm^2/s}$。

半导体中载流子的扩散系数 D 就是表征载流子在浓度梯度驱动下，从高浓度处往低浓度处运动快慢的一个物理量，等于单位浓度梯度作用下的粒子流密度。扩散本来就是粒子在热运动的基础上所进行的一种定向运动，所以扩散系数的大小与遭受的散射情况有关。因为载流子的迁移率 μ 和扩散系数 D 都是表征载流子运动快慢的物理量，所以迁移率和扩散系数之间存在正比的关系，即著名的爱因斯坦关系：

$$D_n = \frac{kT}{q} \mu_n \tag{2-5}$$

由上式可以看出，材料的迁移率和扩散系数并不是孤立的，它们之间相差一个因子 kT/q。

由上述分析可知，半导体中的总电流等于扩散形成的电流与漂移形成的电流之和。半导体中有两种载流子运动，这也是半导体与导体(只有电子运动)之间的主要差别之一。

第四节　半导体的光学特性

半导体材料中原子、电子与光子的相互作用会产生诸如光吸收、光电导、光生伏特、光发射、光散射等现象。对半导体光学性质的了解有助于进一步认识半导体微观结构、电子态及其应用。本节主要介绍半导体光吸收和光生伏特效应的相关结果，其详细推导及其

他相关效应和现象见参考文献[6-8]。

一、半导体光吸收

半导体受到外来光子的照射，当外来光子的能量不小于禁带能隙时，半导体价带的电子吸收光子向高能级跃迁，称为光吸收。

光垂直入射到半导体表面时，进入到半导体内的光强 I 随其距表面的距离 x 而衰减，有

$$I = I_0 \exp(-\alpha x) \tag{2-6}$$

式中，I_0 为入射光强；α 为材料吸收系数，与材料、入射光波长等因素有关。光波的强度(能量)随着光波进入介质的距离 x 的增大按指数规律衰减，衰减的快慢取决于物质的吸收系数的大小。此式通常称为布格尔(Bouguer)定律。显然，光在介质中传播 $1/\alpha$ 长度时，光强衰减为原来的 $1/e$。

电子吸收光子能量后将发生多种跃迁：① 不同能带状态之间的跃迁；② 同一能带的不同状态之间的跃迁；③ 禁带中能级与能带之间的跃迁。因此半导体光吸收过程包括本征吸收(如图 2-22 中 1 所示)和非本征吸收(包括杂质吸收、自由载流子吸收(如图 2-22 中 6、7 所示)、激子吸收和晶格吸收等)。本节主要介绍与光伏电池有关的基本吸收过程——本征吸收，最后简单介绍非本征吸收。

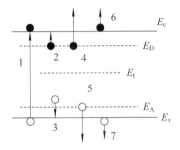

注：E_D、E_A 和 E_t 分别是施主杂质能级、受主杂质能级和深杂质能级。

图 2-22　半导体光吸收

1. 本征吸收

本征吸收是电子由价带向导带的跃迁，也就是由能带与能带之间跃迁所形成的吸收过程。它是最重要的吸收，其特点是产生电子—空穴对，引起载流子浓度增大，导致材料电导率增大。要发生本征光吸收必须满足能量守恒定律和动量守恒定律。

被吸收光子的能量要大于禁带宽度 E_g，即 $hv \geq E_g$，从而有

$$hv \geq hv_0 = E_g \qquad \lambda_0 = \frac{1.24}{E_g(\text{eV})} \quad (\mu m) \tag{2-7}$$

其中，h 为普朗克常量，v 为光的频率，v_0 为材料的频率阈值，λ_0 为材料的波长阈值，hv_0 是能够引起本征吸收的最低光子能量，即频率低于 v_0，或者波长大于 λ_0 时，不可能产生本征吸收，吸收系数迅速下降，此时 λ_0(或 v_0)称为本征吸收限。表 2-2 列出了常见半导体材料的波长阈值。

表 2-2　几种常见半导体材料的波长阈值

材料	温度/K	E_g/eV	λ/μm	材料	温度/K	E_g/eV	λ/μm
Se	300	1.8	0.69	InSb	300	0.18	6.9
Ge	300	0.81	1.5	GaAs	300	1.35	0.92
Si	290	1.09	1.1	Gap	300	2.24	0.55
PbS	295	0.43	2.9				

2. 直接带隙和间接带隙半导体的光吸收

1) 直接带隙半导体的光吸收

在能带的图示(图 2-23)上，初态和末态几乎在一条竖直线上，价带顶和导带底处于 k 空间的同一点，称为直接跃迁，又称竖直跃迁，如图 2-23(a)所示，此类半导体称为直接带隙半导体，包括 GaN-InN-AlN、GaAs、InP、InAs 及 GaAs 等。

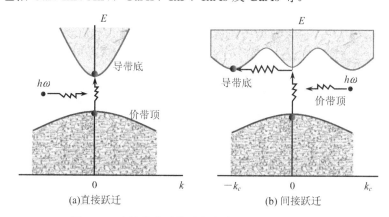

(a)直接跃迁　　　　　　　　(b) 间接跃迁

图 2-23　半导体光吸收过程中电子动量变化示意图

直接跃迁必须满足能量守恒及准动量守恒的选择定则。

能量守恒：

$$h\omega = E_g \tag{2-8}$$

动量守恒：

$$hk' - hk = 光子动量 \tag{2-9}$$

假设电子原来的波矢量是 $\boldsymbol{k}$，要跃迁到波矢量 $\boldsymbol{k}'$ 的状态。由于光子动量很小，可忽略不计，上式可以近似写成

$$k' = k \tag{2-10}$$

即电子吸收光子跃迁前后波矢量保持不变，称为准动量守恒的选择定则。

2) 间接带隙半导体的光吸收

在能带的图示上，初态和末态不在一条竖直线上，即 $|k'| \neq |k|$，称为间接跃迁，又称非竖直跃迁，如图 2-23(b)所示。此类半导体称为间接带隙半导体，包括 Si、Ge 等。

间接跃迁过程必须满足能量守恒和准动量守恒的选择定则：

$$h v_0 \pm E_p = \Delta E \tag{2-11}$$

准动量守恒的选择定则：

$$(hk' - hk) \pm hq = \text{光子动量}$$

忽略光子动量，得

$$k' - k = \mp q \tag{2-12}$$

其中，E_p 代表声子的能量，hq 为声子动量，q 是声子的波矢。"–"表示发射一个声子，"+"表示吸收一个声子。间接跃迁过程中，单纯吸收光子不能使电子由价带顶跃迁到导带底，电子在吸收光子的同时伴随着吸收或者发出一个声子。光子提供电子跃迁所需的能量，声子提供跃迁所需的动量。可见间接跃迁同时包含电子与光子的相互作用和电子与声子的相互作用，是一个二级过程，发生概率比竖直跃迁小得多。

由于价带和导带之间隔着禁带，当光子能量等于禁带宽度时，基本吸收(或称本征吸收)开始，称为基本吸收边，又称本征吸收边。在吸收边以上，随着光子能量的增大，吸收系数迅速上升。直接跃迁吸收系数一般为 $10^3 \sim 10^6 \text{cm}^{-1}$，间接跃迁吸收系数一般为 $1 \sim 10^3 \text{cm}^{-1}$。

3. 非本征吸收

比本征吸收限波长还长的光子也能被吸收，因为还存在其他吸收过程，即非本征吸收包括杂质吸收、自由载流子吸收、激子吸收和晶格振动吸收等。

1) 杂质吸收

杂质能级上的电子(或空穴)吸收光子能量从杂质能级跃迁到导带(或价带)，这种吸收称为杂质吸收。对于浅能级杂质半导体，杂质吸收对应的光子能量很低。引起杂质吸收的最低光子能量 $h\nu_0$ 等于杂质上电子或空穴的电离能 E_1(图 2-22 中 2 和 3 的跃迁)，因此，杂质吸收谱也有长波吸收限 ν_0，且 $h\nu_0 = E_1$。一般情况下，电子跃迁到较高的能级，或空穴跃迁到较低的价带能级(图 2-22 中 4 和 5 的跃迁)，这种概率较小。所以吸收光谱主要集中在吸收限 E_1 的附近，即一般在红外区或远红外区。

2) 自由载流子吸收

导带内的电子或价带内的空穴也能吸收光子能量，使它在本能带内由低能级迁移到高能级，这种吸收称为自由载流子吸收。如重掺杂 N 型半导体的电子吸收光子能量后在导带中不同能级之间的跃迁，或重掺杂 P 型半导体的空穴吸收光子能量后在价带中不同能级之间的跃迁。这样的光吸收过程都是自由载流子在同一能带内跃迁引起的，因此吸收的光子能量不需要很大，所以吸收光谱一般在红外范围，且随着波长的增大而加强。自由载流子吸收还伴随着声子的吸收或发射，保证动量守恒。

3) 激子吸收

价带中的电子吸收小于禁带宽度的光子能量也能离开价带，但因能量不够还不能跃迁到导带成为自由电子。这时，电子实际还与空穴保持着库仑力的相互作用，形成一个电中性系统，称为激子。能产生激子的光吸收称为激子吸收。激子可以在晶体中运动，但由于整体呈电中性，不贡献电流，故不产生光电导现象。激子的消失途径有：① 在电场作用下电子—空穴对分离，形成自由电子和自由空穴；② 电子—空穴复合，释放光子或同时释放光子和声子。实验证明，在低温下某些晶体在本征连续吸收光谱之前，即 $h\nu < E_g$ 时，已出现一系列的光谱线，即激子吸收谱线。这种吸收的光谱多密集于本征吸收波长阈值的红外一侧。

4) 晶格振动吸收

半导体原子能吸收能量较低的光子，并将其能量直接变为晶格的振动能，从而在远红外区形成一个连续的吸收带，这种吸收称为晶格吸收。离子晶体或粒子性较强的化合物具有较明显的晶格吸收作用。

半导体对光的吸收主要是本征吸收。对于硅材料，本征吸收的吸收系数比非本征吸收的吸收系数要大几十倍到几万倍。

二、光生伏特效应

当光线照在半导体 PN 结上，在 PN 结两端就会出现电动势，P 区为正，N 区为负，可用一个高内阻的电压表测出这个电动势，这种效应称为光生伏特效应，如图 2-24 所示。

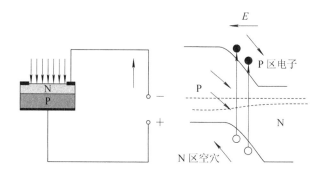

图 2-24　光伏光伏特效应

平衡状态下，PN 结中无电流，当光子入射到 PN 结区时，若光子能量足够大，会在 PN 结附近产生电子—空穴对。在 PN 结内电场的作用下，N 区的光生空穴被拉向 P 区，P 区的光生电子被拉向 N 区，结果在 N 区积累了负电荷，P 区积累了正电荷，产生光生电动势。若外电路闭合，就会有电流从 P 区经外电路到达 N 区，这就是光生伏特效应。利用光生伏特效应可以制成太阳能电池等器件。

第五节　半导体的化学性质

太阳能电池材料在提炼、制备、维护的过程中总会应用到一些化学原理。本节介绍晶体硅、化合物半导体及非晶硅的化学性质，主要讨论晶体硅，更多描述可参见文献[12-19]。

一、晶体硅的化学性质

硅材料是理想的太阳能光电转换材料，到目前为止，太阳能光电工业主要以硅材料为主。硅在地壳中含量丰富，但在自然界中没有游离态，主要以二氧化硅和硅酸盐的形式存在。地壳中含量最多的元素氧和硅结合形成的二氧化硅 SiO_2(硅石)占地壳总质量的 87%。

硅有晶态和无定形两种同素异形体，原子序数为 14，相对原子质量为 28.09，属于元素周期表上ⅣA 族的类金属元素。

晶体硅属于原子晶体，具有金刚石晶格，如图 2-25(a)所示，晶体硬而脆，钢灰色，有金属光泽，密度为 2.4 g/cm³，熔点为 1420℃，沸点为 2355℃，能导电，但导电率不及金属，且随温度的升高而增加，具有半导体性质。硅在常温下不活泼，在含氧酸中被钝化，但与氢氟酸及其混合酸反应，还能与钙、镁、铜、铁、铂、铋等化合，生成相应的金属硅化物。无定形硅能与碱猛烈反应生成可溶性硅酸盐，并放出氢气。

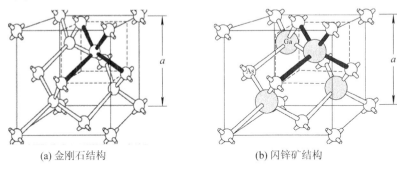

(a) 金刚石结构　　　　　　　　(b) 闪锌矿结构

图 2-25　金刚石结构和闪锌矿结构

晶态硅又分为单晶硅和多晶硅。单晶体是指整个晶体内部的原子规则排列，其整个结构可用一个晶粒代表。常用的半导体材料锗(Ge)、硅(Si)、砷化镓(GaAs)都是单晶体。多晶体是由大量的微小晶粒杂乱地堆积在一起，虽然单个晶粒内部原子如同单晶体一样有规则地排列，但晶粒与晶粒之间的排列取向与间距没有规则。自然界中有天然的单晶体，但没有发现天然的纯单晶硅，作为半导体工业的纯单晶硅，需要采用专门的装置、严格的工艺，才能拉制出来，这是制造单晶硅太阳能电池的材料。单晶硅太阳能电池转换效率高，但成本也较高。多晶硅也用于制造太阳能电池。多晶硅太阳能电池转换效率相对较低，但成本也也较低，是目前生产量最大的太阳能电池。

二、化合物半导体的化学性质

大部分Ⅲ-Ⅴ族化合物及一些Ⅱ-Ⅵ族化合物属于立方晶系闪锌矿结构，如图 2-25(b)所示。闪锌矿结构与金刚石结构的晶格点阵是相同的，不过金刚石结构是由同种原子组成的，而闪锌矿结构是由两种不同的原子组成的。如图 2-25(b)所示的 GaAs 原子排列结构，由 Ga 原子的面心立方晶格和 As 原子的面心立方晶格沿对角线方向相对移动(a/4, a/4, a/4)套构而成。闪锌矿结构同样有四面体的物理学原胞，只是四面体的中心原子与顶角原子不同。

目前得到的实用 Ⅲ-Ⅴ族化合物半导体有 GaN、GaP、GaAs、InP、GaSb、InSb、InAs。其中应用最广泛的是 GaAs。与硅相比，Ⅲ-Ⅴ族二元化合物半导体具有一些独特性质：① 带隙较大，大部分室温时大于 1.1eV，因而所制造的器件可耐受较大功率，工作温度更高；② 大都为直接跃迁型能带，因而其光电转换效率高，适合制作光电器件，如 LED、LD、太阳能电池等。③ 电子迁移率高，很适合制备高频、高速器件。

砷化镓(GaAs)是半导体材料中兼具多方面优点的材料。GaAs 晶体呈暗灰色，有金属光泽。其分子量为 144.64，原子密度为 4.42×10^{23} atom/cm³，晶格常数为 5.65Å，熔点为 1237℃，禁带宽度为 1.4 eV。GaAs 的单元化学式具有 8 个价电子(3 个来自 Ga 原子，5 个来自 As 原子)，意味着其价带已经被填满。但如果提供足够的电能，价带电子则可激发至导带。GaAs 由一系列 Ga 原子和 As 原子组成双原子层，化学键除共价键外还有一定成分的离子键，这使得它的化学键有一定极性。离子键成分的大小与组成原子间的电负性差有关，差值越大，离子键成分越大，极性也越强。室温下，GaAs 在水蒸气和氧气中稳定，加热到 6000℃开始氧化，加热到 8000℃以上开始离解。GaAs 室温下不溶于盐酸，可与浓硝酸反应，易溶于王水。

InP(磷化铟)是最早制备出来的 III-V 族化合物。InP 单晶体呈暗灰色，有金属光泽，室温下在空气中稳定，3600℃下开始离解。InP 的直接跃迁带隙为 1.35 eV。InP 的热导率比 GaAs 好，散热效能好，是重要的衬底材料。

GaN(氮化镓)是宽带隙化合物半导体材料，有很高的禁带宽度(2.3～6.2 eV)，可以覆盖红、黄、绿、蓝、紫和紫外光谱范围，这是到目前为止其他任何半导体材料都无法达到的。它具有高频特性，可以达到 300 GHz(硅为 10 GHz，砷化镓为 80 GHz)，能在 300℃正常工作(非常适用于航天、军事和其他高温环境)，且介电常数小、导热性能好，耐酸、耐碱、耐腐蚀、耐冲击，可靠性高。

由于 II 族元素 Zn、Cd、Hg 和 VI 族元素 S、Se、Te 都是挥发性组元，因此 II-VI 族化合物在它们的熔点时具有很高的蒸气压，如 ZnS 熔点蒸气压为 1×10^7 Pa。多数 II-VI 族化合物熔点高，蒸气压大，因而其单晶制备较困难。II-VI 族化合物均为直接跃迁带隙结构，带隙比 III-V 族要大。

三、非晶硅的化学性质

非晶硅又称无定形硅，是单质硅的一种形态，为棕黑色或灰黑色的微晶体。非晶硅不具有完整的金刚石晶胞，纯度不高，熔点、密度和硬度也明显低于晶体硅。其结构特征为短程有序而长程无序的 α-硅。所谓长程无序是指没有周期性。但非晶态材料也非胡乱排列，原子排列具有短程有序、长程无序的规律。

短程有序是指配位数(原子最邻近的原子数目、类型)、键长(临近原子围绕该原子的空间距离)、键角分布三个参数与相应晶体的近程结构是相似的。如晶体硅是四面体结构，有 4 个最邻近原子，键角为 129.5°，非晶硅原子最邻近配位数也是 4 个原子，键角为 109.5°，偏离±10°。非晶态结构的近程有序把非晶态材料与相应晶体的基本性质联系在一起。但长程无序又使它们的性质存在较大差异。所以非晶硅的化学性质比晶体硅活泼，可由活泼金属(如钠、钾等)在加热下还原四卤化硅或用碳等还原剂还原二氧化硅制得。

第六节　半导体界面与类型

半导体界面是指半导体与其他物质相接触的面，包括半导体—半导体(PN 结)、半导体—金属以及半导体—绝缘介质接触界面。半导体界面研究在半导体物理学和器件工艺中占据着很重要的地位。

由于太阳能电池也是以半导体 PN 结为基础的，所以本节重点介绍半导体 PN 结，并简要讨论一下半导体—金属接触和金属—绝缘体—半导体(即 MIS)结构。

一、半导体 PN 结

两种相同的半导体材料(但掺杂类型不同的 P 型和 N 型)接触,形成 PN 结。PN 结是各类半导体器件如二极管、三极管、场效应管、集成电路及太阳能电池的基本单元,有着非常重要的作用。两种不同的半导体材料接触,在界面附近形成半导体异质结。异质结在现代半导体器件,尤其是激光器和太阳能电池中具有极重要的应用价值。本节主要以同质结为例介绍 PN 结的形成、基本特性及表征,最后简要介绍异质结。

1. PN 结的形成及能带[11-14]

在同一片半导体基片上分别制造 P 型半导体和 N 型半导体,在它们的交界面处就形成了一个特殊的薄层,称为 PN 结。PN 结具有单向导电性。

物质从浓度高的地方向浓度低的地方运动,这种由浓度差而引起的运动叫做扩散运动。当 N 型和 P 型两种半导体制作在一起时,其交界面电子和空穴浓度差很大,导致 P 区的空穴向 N 区扩散,同时,N 区的电子向 P 区扩散,如图 2-26 所示。由于扩散到 P 区的自由电子和空穴复合,而扩散到 N 区的空穴与自由电子复合,所以交界面附近多子的浓度下降,P 区出现负离子区,N 区出现正离子区,它们是不能移动的,称为空间电荷区。随着扩散运动的进行,空间电荷区加宽,内电场增强,其方向由 N 区指向 P 区,正好阻止扩散运动的进行。

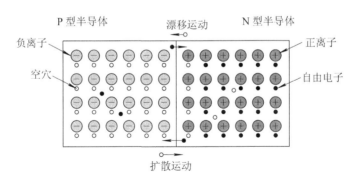

图 2-26　载流子的扩散运动和漂移运动

在电场力作用下,载流子的运动称为漂移运动。当空间电荷区形成后,在内电场的作用下,少子产生漂移运动,空穴从 N 区向 P 区运动,而自由电子从 P 区向 N 区运动。

当扩散和漂移这一对相反的运动最终达到平衡时,相当于两个区之间没有电荷运动,空间电荷区具有一定的宽度,形成 PN 结,如图 2-27 所示。PN 结的宽度一般为 0.5 μm。

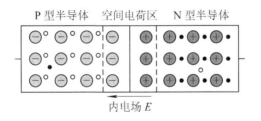

图 2-27　平衡状态下的 PN 结

独立的 P 型半导体和 N 型半导体接触后，形成 PN 结的过程中，空间电荷区内电势由 N 向 P 区不断下降，由 P 向 N 区不断升高，P 区能带相对向上移，N 区能带向下移，直至费米能级相等，即$(E_F)_N = (E_F)_P = E_F$，PN 结达到平衡状态，没有净电流通过。结两端电势能差 qV_D，即能带的弯曲量，称为 PN 结的势垒高度。

$$qV_D = (E_F)_N - (E_F)_P \tag{2-13}$$

势垒高度补偿了 N 区和 P 区的费米能级之差，使平衡 PN 结的费米能级处处相等，如图 2-28 所示。

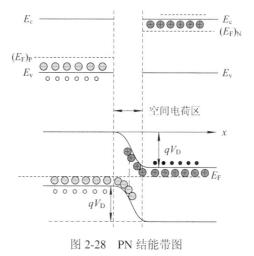

图 2-28　PN 结能带图

2. PN 结单向导电性

PN 结在未加外加电压时，扩散运动与漂移运动处于动态平衡，通过 PN 结的电流为零，其核心部分是空间电荷区。如果在 PN 结两端外加电压，将破坏原来的平衡状态，扩散电流不再等于漂移电流，PN 结中将有电流通过。当外加电压的极性不同时，PN 结呈现单向导电性。

1) 外加正向电压(正偏)

外加偏置电压 U 的正极接在 P 区，负极接在 N 区，如图 2-29 所示。其电场方向与内电场方向相反，此时，外电场将多数载流子推向空间电荷区，使其变窄，削弱了内电场，破坏了原来的平衡，使扩散运动加剧，而漂移运动削弱。电源不断向 P 区补充正电荷，向 N 区补充负电荷，于是扩散运动继续进行，从而形成正向电流，PN 结导通。

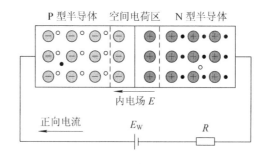

图 2-29　PN 结加正向电压

2) 外加反向电压(反偏)

外加偏置电压 U 的正极接在 N 区，负极接在 P 区，如图 2-30 所示。其电场方向与内电场方向一致，空间电荷区变宽，使 PN 结内电场加强，阻止扩散运动，加剧漂移运动，形成反向电流。由于在常温下，少数载流子的数量不多，故反向电流很小，而且当外加电压在一定范围内变化时，它几乎不随外加电压的变化而变化，因此反向电流又称为反向饱和电流。当反向电流可以忽略时，就可认为 PN 结处于截止状态。

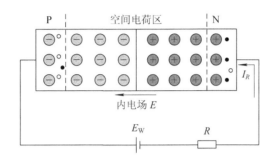

图 2-30　PN 结加反向电压

由上述分析可知，PN 结外加正向电压时导通，加反向电压时截止，也就是说 PN 结具有单向导电性。

3. PN 结的伏安特性

外加电压和电流之间的关系称为 PN 结的伏安特性，作曲线如图 2-31 所示。

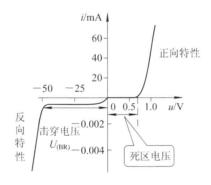

图 2-31　PN 结伏安特性曲线

由图 2-31 可以看出，当外加导通电压小于死区电压时，电流为 0。当外加正向电压大于死区电压时，电压 U 的变化引起电流 I 的急剧变化。换句话说，PN 结正向导通时不管流过的电流多大，其两端电压基本不变，约为死区电压，此为正向特性。当外加反向电压时，电流 I 很小，几乎为零，为反向特性。当反向电压超过一定的数值(击穿电压 $U_{(BR)}$)后，反向电流急剧增加，为击穿特性。

值得注意的是，由于本征激发随温度的升高而加剧，导致电子—空穴对增多，因而反向电流将随温度的升高而成倍增长。正向时，温度升高，曲线左移。一般在室温附近，温度每升高 1℃，其正向压降减小 2～2.5 mV。反向时，温度升高，曲线右移。温度每升高 10℃，I_s(短路电流)增大 1 倍，这就是 PN 结的温度特性。

综上所述，PN 结的伏安特性具有以下特点：① PN 结具有单向导电性；② PN 结的伏安特性具有非线性；③ PN 结的伏安特性与温度有关。

4．半导体异质结

以上讨论的是同种半导体材料但掺杂类型不同(N 型和 P 型)形成的 PN 结，即"同质结"。"异质结"是指由两种带隙宽度不同的半导体材料生长在同一块单晶上形成的结。通常用小写表示窄带隙，大写表示宽带隙。一般是把禁带宽度较小的半导体材料写在前面。按照两种材料的掺杂类型的不同，异质结可分为同型异质结和异型异质结。前者如 n-N Ge-GaAs，p-P Ge-GaAs，后者如 p-N Ge-GaAs、n-P Ge-GaAs。

通常形成异质结的条件是两种半导体有相似的晶体结构、相近的原子间距和热膨胀系数。异质结常具有两种半导体各自的 PN 结都不能达到的优良的光电特性，使它适宜于制作超高速开关器件、太阳能电池等。关于异质结的详细论述可参考文献[17-18]。

异质结的形成与两边半导体的带隙宽度(导带底到价带顶)、功函数(真空能级到费米能级，随杂质浓度的不同而变化)、电子亲和势(真空能级到导带底)及结界面的缺陷情况有关，在此主要介绍不考虑界面缺陷的理想突变异质结的基本情况。

下面以理想突变 n-P Ge-GaAs 异质结为例展开讨论。具有不同禁带宽度的 N 型材料 1 和 P 型材料 2 各自独立时的能带图如图 2-32(a)所示，其中真空能级是指电子离开半导体所需的最低能量，x_1 和 x_2 分别为材料 1 和 2 的电子亲和势，W_1 和 W_2 分别为材料 1 和 2 的费米能级与真空能级之差，即功函数。在不考虑两种半导体交界面处的界面态的情况下，任何异质结的能带图都取决于形成异质结的两种半导体的电子亲和势、禁带宽度以及功函数。

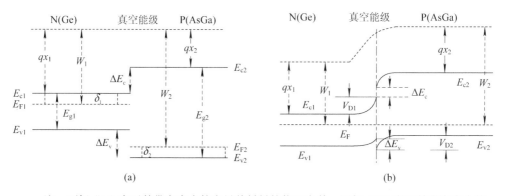

注：下标"1"表示禁带宽度小的半导体材料的物理参数；下标"2"表示禁带宽度大的半导体材料的物理参数。

图 2-32　形成异质结之前(a)和之后(b)的平衡能带图

当两者接触时，在零偏压下，费米能级高的 N 区电子克服势垒到 P 区，同时 P 区空穴克服势垒到 N 区，发生载流子扩散运动，直到接触界面上的费米能级相等，界面附近留下一个空间电荷区(耗尽区或者势垒区)，形成如图 2-32(b)所示的热平衡的突变异质结的能带图。平衡时能带有两个特点：① 能带发生了弯曲，出现了尖峰和凹口；② 能带在交界面上不连续，导带底有突变 ΔE_c，价带顶有突变 ΔE_v。ΔE_c 和 ΔE_v 分别称为导带和价带的"带阶"(offset)。带阶是影响异质结性能的极重要的参数。目前有大量的关于带阶的理论和实验工作[21, 24]。

半导体异质结的电流电压关系比同质结复杂。理想状态下，当加正向电压时电流随电压按指数关系增加，其伏安特性与普通 PN 结类似。

二、金属—半导体接触(MS 结构)

金属—半导体接触是在半导体片上淀积一层金属形成紧密的接触。金属—半导体接触中有两类典型接触：一类是金属与半导体没有整流作用的接触，称为欧姆接触，又叫非整流结，这种接触与一个电阻等效；另一类是整流接触，又叫整流结，具有类似 PN 结的单向导电性。金属—半导体界面对所有半导体器件的研制与制备都是不可缺少的[21-23]。

1．金属—半导体接触

金属—半导体接触之所以能形成势垒，根本原因是它们有着不同的功函数。所谓功函数是指使固体中位于费米能级处的一个电子移到体外自由空间所需作的功，又叫逸出功。

金属作为导体，通常是没有禁带的，自由电子处于导带中，可以自由运动，从而导电能力很强。在金属中，电子也服从费米分布，在绝对零度时，电子填满费米能级以下的能级，费米能级以上的能级全是空的。当温度升高时，电子吸收能量，从低能级跃迁到高能级，绝大多数电子所处的能级都低于体外能级，只有极少数高能级的电子吸收了足够的能量后跃迁到金属体外。那么，一个起始能量等于费米能级的电子，由金属内部逸出到真空中所需要的最小值为

$$W_{\mathrm{m}} = E_0 - (E_{\mathrm{F}})_{\mathrm{m}} \tag{2-14}$$

式中，E_0 为真空中的静止电子能量；$(E_{\mathrm{F}})_{\mathrm{m}}$ 为费米能级。式(2-14)为金属功函数或逸出功 W_{m}，如图 2-33(a)所示。W_{m} 越大，金属对电子的束缚越强。一般金属的功函数为几个电子伏特，如金属铯最低为 1.93 eV，金属铂最高为 5.36 eV。

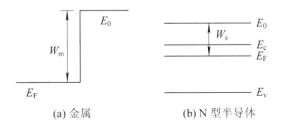

(a) 金属   (b) N 型半导体

图 2-33   金属和 N 型半导体的功函数

同样地，半导体功函数的定义为：真空中静止电子的能量 E_0 与半导体的 $(E_{\mathrm{F}})_{\mathrm{s}}$ 能量之差，即 $W_{\mathrm{s}} = E_0 - (E_{\mathrm{F}})_{\mathrm{s}}$。由于半导体的费米能级与其型号和掺杂浓度有关，故半导体的 W_{s} 也与型号和杂质浓度有关。图 2-33(b)为 N 型半导体的功函数。

当金属与 N 型半导体接触时，两者有相同的真空电子能级。如果接触前金属功函数大于半导体功函数，即 $W_{\mathrm{m}}>W_{\mathrm{s}}$，则金属的费米能级就低于半导体的费米能级。两者的费米能级之差等于功函数之差。接触后，虽然金属的电子浓度大于半导体的电子浓度，但由于原来金属的费米能级低于半导体的费米能级，导致半导体中的电子流向金属，使金属表面电子浓度增加，带负电，半导体表面带正电，且正负电荷数量相等，对外呈电中性，具有统一的费米能级。此时提高了半导体的电势，降低了金属的电势，如图 2-34 所示。

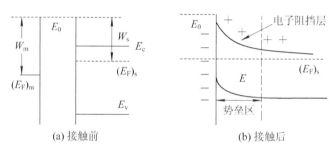

图 2-34 　$W_m > W_s$ 时, 金属与半导体接触前后的能带图

在电子流向金属后, N 型半导体的近表面留下一定厚度的带正电的施主离子, 而流向金属的电子受正离子的吸引, 集中在金属—半导体界面靠金属一侧, 与施主离子形成空间电荷区和内电场, 电场方向由半导体指向金属。与 PN 结近似, 内建电场产生势垒, 称为金属—半导体接触的表面势垒, 又称电子阻挡层。达到平衡时, 空间电荷区的静电流为零, 金属和半导体的费米能级相同, 此时两边势垒的电势之差为金属—半导体的接触电势差, 等于两者的费米能级之差或功函数之差, 即

$$V_{ms} = V_m - V_s = \frac{W_s - W_m}{q} \tag{2-15}$$

如果接触前金属的功函数小于半导体的功函数, 即 $W_m < W_s$, 也即金属的费米能级高于半导体的费米能级, 则通过同样的分析可知, 金属—半导体接触后, 在界面附近的金属一侧形成了高密度空穴层, 半导体一侧形成了一定厚度的电子积累区, 从而形成了具有电子高电导率的空间电荷区, 称为电子高导电区, 又称为反阻挡层, 如图 2-35 所示。

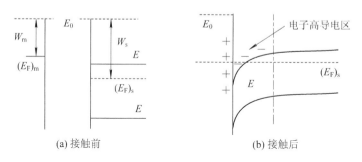

图 2-35 　$W_m < W_s$ 时, 金属与半导体接触前后的能带图

同样地, 金属与 P 型半导体相接触, 在界面附近也会存在空间电荷区, 形成空穴势垒区(阻挡层)和空穴高导电区(反阻挡层)。

如果在金属—半导体之间加有正向电压(金属接电源正极), 半导体表面势垒高度降低, 则有较多半导体电子通过热发射而流到金属, 形成很大的正向电流; 当加有反向电压(金属接电源负极)时, 外加电场与内建电场一致, 增加了阻挡层厚度, 使 N 型半导体流向金属的电子很少, 电流几乎为 0。此特性与 PN 结伏安特性相似, 具有单向导电性。具有这种整流特性的金属—半导体接触, 称为肖特基接触。

2. 欧姆接触

在太阳能光电池制备过程中, 常常需要没有整流效应的金属和半导体接触, 称为欧姆接触。一般要形成欧姆接触, 应选择金属功函数小于 N 型半导体的功函数, 或大于 P 型半

导体的功函数，使金属与半导体之间形成反阻挡层(电子或空穴的高导电区)，可以阻止整流作用的产生。

除金属的功函数外，表面态也是影响欧姆接触形成的重要因素。实现欧姆接触的措施主要有以下几种：

(1) 高掺杂接触。在半导体表面掺入高浓度施主或受主杂质，导致金属—半导体接触的势垒变得很薄，不能阻挡电子的流动，接触电阻很小，最终形成欧姆接触。

(2) 高复合接触。在半导体表面引入大量复合中心(杂质或者缺陷)，使得反向和正向的复合电流都很大，从而没有整流效应产生，形成欧姆接触。

(3) 低势垒接触。选择适当的金属，使其功函数与半导体的功函数之差很小，导致金属—半导体的势垒极低，在室温下就有大量的载流子从半导体流向金属或从金属流向半导体，从而没有整流效应产生。

三、金属—绝缘体—半导体接触(MIS 结构)

如果在金属—半导体之间插入一层绝缘层，就形成了金属—绝缘层—半导体结构，即 MIS 结构。它是集成电路 CMOS 器件的核心单元，也是新型太阳能光电池的一种常用结构。MIS 结构实际上是一个电容，其结构如图 2-36 所示。半导体—绝缘介质接触在微电子技术中有广泛应用，SiO_2/Si 是典型的半导体—绝缘介质接触。新型太阳能电池常常利用金属—绝缘体—半导体结构。

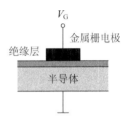

图 2-36　MIS 结构

在金属与半导体之间加上电压，在金属表面一个原子层内堆积高密的载流子，则在半导体中有相反的电荷产生，并分布在半导体表面一定的宽度范围内，形成空间电荷区。在此空间电荷区内，形成内建电场，从表面到体内逐渐降为零。由于内建电场的存在，空间电荷区的电势也在变化，导致其两端产生电势差，称为表面势，造成能带弯曲，当表面势比内部高时，取正值，反之取负值。

MIS 结构随着外加电场和空间电荷区的变化，会出现三种情况，即多子堆积、多子耗尽和少子反型。下面以 P 型半导体为例进行介绍：

(1) 多子堆积状态。在金属一端加负压时，表面势为负，导致半导体能带在空间电荷区自体内向表面逐渐上升弯曲，表面处能带向上弯曲，在表面处价带顶接近或超过费米能级，如图 2-37(a)所示。能带的弯曲导致半导体表面空穴堆积。

(2) 多子耗尽状态。在金属一端加正向电压时，表面势为正，导致表面处能带向下弯曲，在表面处价带顶远离费米能级，如图 2-37(b)所示。能带的弯曲导致表面处空穴远低于体内空穴浓度，形成载流子的耗尽层。

(3) 少子反型状态。在金属一端加正向电压，且电压很大时，导致表面处能带向下弯曲的程度增加，表面处导带底逐渐接近或达到费米能级，如图 2-37(c)所示。此时，半导体表面处的少子电子浓度高于空穴浓度，形成了半导体导电类型相反的一层，称之为反型层。

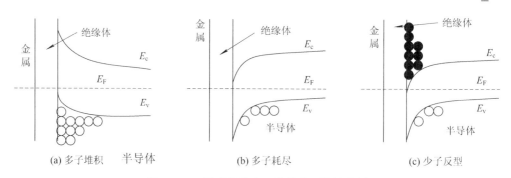

图 2-37　P 型半导体在三种状态下的能带图

对于 N 型半导体，其分析过程相似：金属一端加正压，多子堆积；加不太高的负压，多子耗尽；金属与半导体间加高负压，少子反型。

第七节　太阳能电池的物理特性分析

在介绍了 PN 结基本特性之后，下面将讨论在光照下 PN 结的一些特性，因为太阳能电池的基本结构就是一个大面积平面 PN 结，所以本节会结合太阳能电池结构，介绍它的电流电压特性、性能表征及光电转换效率。

一、太阳能电池的伏安特性

上述光伏效应是从微观角度讨论了太阳能电池内部能量转换的过程。以下将以最普通的硅 PN 结太阳能电池为例，介绍太阳能电池工作时在外部观测到的特性。

在无光照的情况下，太阳能电池电流 I 和电压 U 间函数关系的特征曲线(I-U 曲线)如图 2-38(a)所示，与二极管的伏安特性曲线类似，此时的电流称为暗电流。当光线照射在太阳能电池上时，可以认为是在原有的暗电流基础之上叠加了一个电流增量，使得伏安特性曲线下移到第四象限，如图 2-38(b)所示。

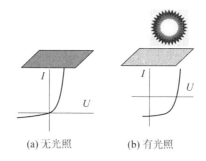

(a) 无光照　　　　　(b) 有光照

图 2-38　太阳能电池无光照及光照时的电流—电压特性曲线

太阳能电池可用恒流源 I_{sc}、太阳能电池的电极等引起的串联电阻 R_s 和相当于 PN 结泄漏电流的并联电阻 R_{sh} 组成的电路来表示，R_L 为负载。图 2-39(a)所示电路为太阳能电池的等效电路。

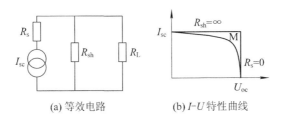

(a) 等效电路　　　　　　(b) I–U 特性曲线

图 2-39　太阳能电池的等效电路及 I–U 特性曲线

当负载为 0 时，其电路连接图如图 2-40(a)所示，此时，电流 $I = I_{sc}$，其中，I_{sc} 为短路电流，输出电压 $U = 0$。当负载 R_L 从 0 变化到无穷大时，如图 2-40(b)所示，输出电压 U 则从 0 变到 U_{oc}，其中，U_{oc} 为开路电压，同时输出电流从 I_{sc} 变到 0，由此得到电池的输出特性曲线，如图 2-39(b)中的曲线所示。曲线上任何一点都可以作为工作点。工作点所对应的纵、横坐标即工作电流和工作电压，其乘积 $P = IU$ 为电池的输出功率。

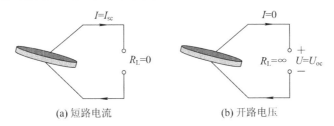

(a) 短路电流　　　　　　(b) 开路电压

图 2-40　太阳能电池的短路电流和开路电压电路连接图

图 2-39(b)中的折线表示的是理想状态下(假定 $R_{sh} = \infty$ 和 $R_s = 0$，电路连接图如图 2-41所示)太阳能电池的伏安特性曲线，此时可获得理想最大功率 $P_{(m)i} = U_{oc}I_{sc}$，其实就是折线与坐标轴围成的面积。对于 I–U 曲线上的每一点，都可取该点上电流与电压的乘积，以反映此工作情形下的输出电功率，实际最佳功率为 M 点，$P_m = I_m U_m$，其中，I_m、U_m 分别为最佳工作电流和最佳工作电压。显然，为了使太阳能电池输出更大的功率，必须尽量增大并联电阻 R_{sh}，减小串联电阻 R_s。

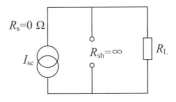

图 2-41　理想状态下太阳能电池的等效电路

二、太阳能电池的效率及能量损失

1. 太阳能电池效率的描述[24-26]

太阳能电池的转换效率 η 定义为太阳能电池的最大输出功率 P_m 与照射到太阳能电池的总辐射能 P_{in} 之比，即

$$\eta = \frac{P_m}{P_{in}} \times 100\% \tag{2-16}$$

当太阳能电池接上负载时，负载 R 从零变到无穷大的过程中，使太阳能电池达到最大输出功率 $P_m = I_m U_m$ 时，将 $P_m = I_m U_m$ 与 I_{sc} 和 U_{oc} 的乘积之比定义为填充因子 FF，即

$$FF = \frac{P_m}{U_{oc} I_{sc}} = \frac{U_m I_m}{U_{oc} I_{sc}} \qquad (2-17)$$

填充因子体现了太阳能电池的输出功率随负载的变动特性，是反映太阳能电池性能优劣的一个重要参数，FF 越大则输出功率越高。FF 取决于入射光强、材料的禁带宽度、理想系数、串联电阻和并联电阻等。

填充因子正好是 $I-U$ 曲线下最大长方形面积与乘积 $U_{oc} \times I_{sc}$ 之比，所以转换效率可表示为

$$\eta = \frac{FF U_{oc} I_{sc}}{P_{in}} \qquad (2-18)$$

2. 影响太阳能电池转换效率的因素

(1) 禁带宽度。太阳能电池能够响应的最大波长被半导体材料的禁带宽度 E_g 所限制。当禁带宽度在 $1.0 \sim 1.6$ eV 时，入射光的能量才有可能被最大限度地利用。同时，开路电压 U_{oc} 随 E_g 的增大而增大，但另一方面，短路电流 I_{sc} 随 E_g 的增大而减小。选择合适的 E_g 可达到太阳能电池效率的峰值。一般在 E_g 为 1.4 eV 时出现太阳能电池的最大转换效率。

(2) 温度。短路电流随温度上升而增加，因为带隙能量下降了，更多的光子具有足够的能量来产生电子—空穴对，但是，这是一个比较微弱的影响。对硅电池来说，温度的上升主要致使开路电压和填充因子下降，因而导致了输出电功率的下降，如图 2-42 所示。

(3) 复合寿命。太阳能电池的效率也会因为电子—空穴对在被有效利用之前复合而降低。一般希望载流子的复合寿命越长越好，因为这样做会减小暗电流并增大 U_{oc} 和 I_{sc}。在间接带隙半导体上达到长寿命的关键是在材料制备和电池的生产过程中，避免形成复合中心。在加工过程中，适当而且经常进行工艺处理，可以使复合中心移走，因而延长寿命。

(4) 光强。将太阳光聚焦于太阳能电池，可使一个小小的太阳能电池产生出大量的电能，从而提高转换效率。

(5) 串联电阻。在任何一个实际的太阳能电池中，都存在着串联电阻，串联电阻主要来源于半导体材料的体电阻、金属接触电阻、引线及载流子在顶部扩散层的输运等。串联电阻 R_s 的大小可改变 $I-U$ 曲线的位置，如图 2-43 所示。

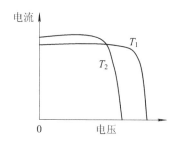

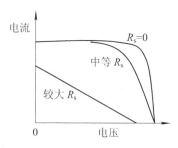

图 2-42 温度对太阳能电池 $I-U$ 特性的影响 　　图 2-43 串联电阻对太阳能电池 $I-U$ 曲线的影响

(6) 光学损失。正面电极不能透过阳光，由于表面有太阳光反射，不是全部光线都能进入硅中，裸硅表面的反射率约为 40%，同时背电极对太阳光也有反射作用，如图 2-44 所示。

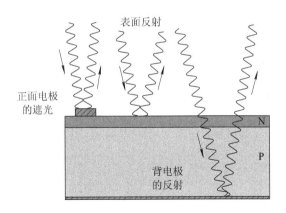

图 2-44　太阳能电池光学损失原理

减少光学损失可采取的措施有：减小金属栅占有的面积，为了使 R_s 小，一般将金属栅做成又密又细的形状；使用减反射膜降低裸硅表面的反射率；对于垂直投射到电池上的单波长的光，用一种厚为 1/4 波长、折射率等于 $n(n$ 为硅的折射率)的涂层能使反射率降为零。对于太阳光，采用多层涂层能得到更好的效果。此外，通过表面制绒也可以减少反射等。

在实验室条件下，采用最先进的技术，单晶硅太阳能电池的转换效率可能超过 24%，然而，工业上大批量生产电池的效率普遍只有 13%～14%。事实上，Shockley 等第一次计算单结太阳能电池转换效率的极限值是 31%。理论与实际结果存在很大差距，原因是太阳能电池受光照后，吸收光子能量产生了电子—空穴对，并被激发到导带与价带的高能态，处于高能态的光生载流子很快与晶格相互作用，将能量交给声子而回落到导带底和价带顶，这个过程损失了一部分能量；光生载流子在输运过程中由于复合也会产生能量损失，最后电压输出时由于电极材料也会产生一定压降。总之，太阳能电池的转换效率受半导体材料、器件结构及制备工艺以及包括如前所述的温度、复合寿命、串并联电阻等的影响。

习　题　二

1．半导体材料有哪些？

2．金属、半导体、绝缘体的能带有什么特点？

3．什么叫本征激发？温度越高，本征激发的载流子越多，为什么？试定性说明。

4．什么叫浅能级杂质？什么叫深能级杂质？深能级杂质和浅能级杂质对半导体有何影响？

5．什么叫施主？什么叫施主电离？施主电离前后有何特征？

6．什么叫受主？什么叫受主电离？受主电离前后有何特征？

7．掺杂半导体与本征半导体之间有何差异？试举例说明掺杂对半导体的导电性能的影响。

8．何谓迁移率？影响迁移率的主要因素有哪些？

9．何谓非平衡载流子？非平衡状态与平衡状态的差异何在？

10. 漂移运动和扩散运动有什么不同？漂移运动与扩散运动之间有什么联系？

11. 什么是光吸收，什么是光伏效应，各有什么特点？

12. 简述 PN 结的形成过程以及 PN 结的特性。

13. 如何实现欧姆接触？

14. 硅太阳能电池的伏安特性有什么特点？

15. 有哪些因素影响了太阳能电池的转换效率？

第三章　硅材料的制备

本章主要讲述硅材料的性质、太阳能级硅材料的制备以及冶炼生产中的调控因素，重点讲述单晶硅的生产流程和铸造多晶硅的生产流程的内容以及硅片加工技术，围绕硅材料基础知识、晶硅太阳能电池材料制备、单晶硅生产工艺、多晶硅生产工艺、硅片制备工艺等内容开展学习。

第一节　硅　材　料

一、硅材料简介

硅是自然界中分布最广的元素之一，是介于金属和非金属之间的半金属。最早的纯硅是于 1811 年由哥依鲁茨克和西纳勒德通过加热硅的氧化物而获得的。1823 年波茨利乌斯描述了硅的性质，定名为元素硅(Si)。1855 年德威利获得灰黑色金属光泽的晶体硅。高纯硅是贝克特威通过 $SiCl_4 + 2Zn = 2ZnCl_2 + Si$ 方法获得的。

硅是世界上第二丰富的元素，占地壳含量的四分之一。硅在地壳中的丰度为 27.7%，在常温下化学性质稳定，是具有灰色金属光泽的固体，晶态硅的熔点为 1414℃，沸点为 2355℃，原子序数为 14，属于第 IVA 族元素，相对原子质量为 28.085，密度为 2.322 g/cm^3，莫氏硬度为 7。

硅以大量的硅酸盐矿石和石英矿的形式存在于自然界。人们在日常生活中经常遇到的物质，如脚下的泥土、石头和沙子，使用的砖、瓦、水泥、玻璃和陶瓷等，都是硅的化合物。由于硅易与氧结合，所以自然界中没有游离态的硅存在。

二、硅材料的性质

1. 物理性质

硅有晶态和无定形态两种同素异形体。晶态硅根据其原子排列的不同分为单晶硅和多晶硅。单晶硅和多晶硅的区别是：当熔融的硅凝固时，硅原子与金刚石晶格排列成许多晶核，如果这些晶核长成晶面取向相同的晶粒，则形成单晶硅；如果长成晶面取向不同的晶粒，则形成多晶硅。它们均具有金刚石晶格，属于原子晶体，晶体硬而脆，抗拉应力远远大于抗剪切应力，在室温下没有延展性；在热处理温度大于 750℃时，硅材料由脆性材料转变为塑性材料，在外加应力的作用下，产生滑移位错，形成塑性变形。硅材料还具有一些特殊的物理化学性能，如硅材料熔化时体积缩小，固化时体积增大。

硅材料按照纯度可以分为冶金级硅、太阳能级硅、电子级硅。冶金级硅(MG)是硅的氧化物在电弧炉中用碳还原而成的，一般含硅量为 90%～95% 以上；太阳能级硅(SG)一般认为含硅量在 99.99%～99.9999%；电子级硅(EG)一般要求含硅量大于 99.9999%。

硅具有良好的半导体性质，其本征载流子浓度为 $1.5×10^{10}$ 个/cm^3，本征电阻率为 $1.5×10^{10}\Omega \cdot cm$，电子迁移率为 $1350\ cm^2/(V \cdot s)$，空穴迁移率为 $480\ cm^2/(V \cdot s)$。作为半导体材料，硅具有典型的半导体材料的电学性质。

(1) 电阻率特性。硅材料的电阻率在 $10^{-5}～10^{10}\Omega \cdot cm$ 之间，介于导体和绝缘体之间，高纯未掺杂的无缺陷的晶体硅材料称为本征半导体，电阻率在 $10^6\ \Omega \cdot cm$ 以上。

(2) PN 结特性。N 型硅材料和 P 型硅材料相连，组成 PN 结，这是所有硅半导体器件的基本结构，也是太阳能电池的基本结构，具有单向导电性等性质。

(3) 光电特性。与其他半导体材料一样，硅材料组成的 PN 结在光作用下能产生电流，如太阳能电池。但是硅材料是间接带隙材料，效率较低，如何提高硅材料的发电效率正是目前人们所追求的目标。

2．化学性质

硅在常温下不活泼，不与单一的酸发生反应，能与强碱发生反应，可溶于某些混合酸。其主要性质如下。

(1) 与非金属作用。常温下硅只能与 F_2 反应，在 F_2 中瞬间燃烧，生成 SiF_4。

$$Si + 2F_2 = SiF_4$$

加热时，硅能与其他卤素反应生成卤化硅，与氧反应生成 SiO_2。

$$Si + 2X_2 \xrightarrow{\triangle} SiX_4 \quad (X = Cl、Br、I)$$
$$Si + O_2 \xrightarrow{\triangle} SiO_2$$

在高温下，硅与碳、氮、硫等非金属单质化合，分别生成碳化硅、氮化硅、硫化硅等。

$$Si + C \xrightarrow{\triangle} SiC$$
$$3Si + 2N_2 \xrightarrow{\triangle} Si_3N_4$$
$$Si + 2S \xrightarrow{\triangle} SiS_2$$

(2) 与酸作用。Si 在含氧酸中被钝化，但与氢氟酸及其混合酸反应，生成 SiF_4 或 H_2SiF_6。

$$Si + 4HF = SiF_4$$
$$3Si + 4HNO_3 + 18HF = 3H_2SiF_6 + 4NO + 8H_2O$$
$$Si + 2NaOH + H_2O = NaSiO_3 + 2H_2\uparrow$$

(3) 与金属作用。硅还能与钙、镁、铜等化合，生成相应的金属硅化物。

(4) 硅能与 Cu^{2+}、Pb^{2+}、Ag^+ 等金属离子发生置换反应，从这些金属离子的盐溶液中置换出金属，如能在铜盐溶液中将铜置换出来。

第二节　晶硅太阳能电池材料的制备

硅太阳能电池的制备主要包括以下几个工艺过程：工业硅的生产、太阳能级硅的提纯、拉制单晶或铸锭多晶、硅片的加工、电池片的制备、电池组件的制备。

一、冶金硅的提炼

工业硅生产的基本任务就是把合金元素从矿石或氧化物中提取出来，理论上可以通过热分解、还原剂还原和电解等方法生产。在这三种方法中，电解法属于湿法冶金范畴。第一种方法在实际生产中会带来很多困难，因为元素与氧的亲和力较强，除少数元素的高价氧化物外，其余的氧化物都很稳定，通常要在 2000℃ 以上才能分解，这样高的温度在实际生产中会带来很多困难。硅的冶炼通常是通过还原剂还原的方法来制取的。下面着重介绍用还原剂法制取冶金硅的基本原理。

工业硅是在单相或三相电炉中冶炼的，绝大多数容量大于 $5000\ kV \cdot A$，三相电炉使用的是石墨电极或碳素电极，采用连续法生产方式，也有自焙电极生产的，但产品质量不大理想；传统的是固定炉体的电炉，旋转炉体的电炉近年来才开始使用。有企业实践证明，使用旋转电炉减少了约 3%～4% 的电能消耗，相应地提高了电炉生产率和原料利用率，并大大减轻了炉口操作的劳动强度，在炉口料面不需要扎眼透气，对改善所有料面操作过程是很有利的。工业硅是以连续方法冶炼的。生产过程中，如图 3-1 所示，硅矿石在高温下与焦炭进行反应，生产原理如下：

$$SiO_2 + 2C = Si + 2CO$$

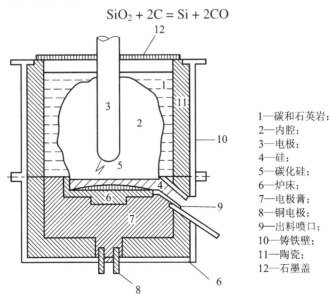

1—碳和石英岩；
2—内腔；
3—电极；
4—硅；
5—碳化硅；
6—炉床；
7—电极膏；
8—铜电极；
9—出料喷口；
10—铸铁壁；
11—陶瓷；
12—石墨盖

图 3-1 生产冶金级硅的电弧炉的断面图

1. 冶炼的原理

冶金级硅在实际的生产过程中，硅石的还原是比较复杂的。原料在电炉内发生的各种反应如图 3-2 所示。

实际生产中，炉内发生的反应是，炉料入炉后不断下降，受上升炉气的作用，温度在不断上升，上升的 SiO 有下列反应：

$$2SiO \xmedtriangle Si + SiO_2$$

这些产物大部分沉积在还原剂的空隙中，有些逸出炉外。炉料继续下降，当温度上升到 1820℃ 以上时，有以下反应发生：

$$SiO + 2C \xrightarrow{\triangle} SiC + CO$$
$$SiO + SiC \xrightarrow{\triangle} 2Si + CO$$
$$SiO_2 + C \xrightarrow{\triangle} SiO + CO$$

当温度再升高时，发生以下反应：

$$2SiO_2 + SiC \xrightarrow{\triangle} 3SiO + CO$$

在电极下发生如下反应：

$$SiO_2 + 2SiC \xrightarrow{\triangle} 3Si + 2CO$$
$$3SiO_2 + 2SiC \xrightarrow{\triangle} Si + 4SiO + 2CO$$

炉料在下降的过程中，发生以下反应：

$$SiO + CO \xrightarrow{\triangle} SiO_2 + C$$
$$3SiO + CO \xrightarrow{\triangle} 2SiO_2 + SiC$$

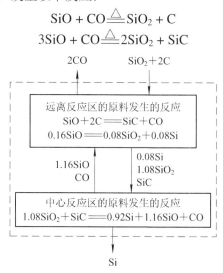

图 3-2　原料在电炉内发生的各种反应

在冶炼中，主要反应大部分是在熔池底部料层中完成的。碳化硅的生成、分解和一氧化硅的凝结，又是以料层内各区维持温度分布不变为先决条件的。碳化硅的生成是容易的，而碳化硅还原要求高温、快速反应，否则碳化硅就沉积到炉底，由此，必须保持反应中心区温度的稳定。在冶炼操作中，沉料要合适，如过勤，温度区稳定性差，对冶炼不利。

2．冶炼生产的调控因素

1）电压

电弧炉的电气工作参数主要是二次电压，电极工作端下部弧光所发出的热量主要集中于电极周围，因而炉内温度分布与弧光功率大小有关，在其他条件不变的情况下，提高二次电压能增加弧光功率。

如果二次电压过高，弧光拉长、电极上抬、高温区上移，热损失剧增；炉底温度降低，炉内温度梯度增大，坩埚区缩小，炉况变坏。相反，二次电压过低，除电效率和输入功率降低外，还因电极下插过深，炉料层电阻减少，从而将增加通过料层的电流，减少通过弧光的电流，使炉料熔化和还原速度减慢，电炉出现闷死现象，炉内坩埚区急剧减小。可见对一定功率的电弧炉来说，二次电压过高和过低都是不可取的，在选择时必须保证电炉的电效率和热效率有良好的匹配。

2) 电流

埋弧操作的电弧炉，电流在炉内的分布有两条回路，一条是电极—电弧—熔融物—电极主电路回路，另一条是电极—炉料—电极分电流回路。对于三相熔池的电场，有各种不同的描述，一般认为电流不仅在电极和导电炉底之间通过，而且也在电极、金属、电极之间通过。

3) 功率

在电气参数的计算中，有很多未知数，只有功率是固定值，熔池功率可用下式进行计算：

$$P = I^2 R$$

电极截面内的电流密度和电极工作表面的电流密度是最稳定的数值。而电炉的其他动力指标差别很大，这是由于熔池尺寸、电极尺寸、所用的炉料、电气制度和操作方法存在着很大的差异。如果同一个熔池里有几种不同的合金在发生反应，则动力指标只对其中一种合金的冶炼是理想的。

4) 熔池电阻

熔池电阻是一个要计算的物理参数，如果要计算熔池电阻，则必须计算熔池的电阻系数和电阻的几何参数，而所有这些都与尚待确定的熔池尺寸和电极尺寸联系着。

二、高纯度多晶硅原材料的制备

硅按不同的纯度可以分为冶金级硅(MG)、太阳能级硅(SG)、电子级硅(EG)。一般来说，经过浮选和磁选后的硅石(主要成分为 SiO_2)放在电弧炉里和焦炭生成冶金级硅，然后进一步提纯到更高级数的硅。目前世界主流的传统提纯工艺主要有两种：改良西门子法和硅烷法。它们统治了世界上绝大部分的多晶硅生产线，是多晶硅生产规模化的重要级数，在此我们主要介绍改良西门子法。

1. 改良西门子法

改良西门子法是以 HCl(或 H_2、Cl_2)和冶金级工业硅为原料，在高温下合成为 $SiHCl_3$，然后通过精馏工艺，提纯得到高纯 $SiHCl_3$，最后用超高纯的氢气对 $SiHCl_3$ 进行还原，得到高纯多晶硅棒。该方法的主要工艺流程如图 3-3 所示，具体工艺如下：

1) HCl 的性质及合成

氯化氢(HCl)的分子量为 36.5，是无色具有刺激性臭味的气体，易溶于水而成盐酸。在标准状态下，1 体积的水约溶解 500 体积的 HCl，比重为 1.19(液体)，在有水存在的情况下，氯化氢具有强烈的腐蚀性。

在合成炉内，氯气与氢气按下式反应：

$$H_2 + Cl_2 \rightarrow 2HCl + Q$$

(1) $SiHCl_3$ 的性质及合成。

① $SiHCl_3$ 的性质。常温下，纯净的 $SiHCl_3$ 是无色、透明、挥发性、可燃的液体，有较 $SiCl_4$ 更强的刺鼻气味，易水解、潮解，在空气中强烈发烟($SiHCl_3 + 1/2O_2 + H_2O \rightarrow SiO_2 + 3HCl\uparrow$)，易挥发、气化，沸点较低，易着火，易爆炸，发火点为 28℃，着火温度为 220℃，燃烧时产生氯化氢和氯气($SiHCl_3 + O_2 \rightarrow SiO_2 + HCl\uparrow + Cl_2\uparrow$)，其蒸汽具有弱毒性，与无水

醋酸及二氯乙烯毒性程度相同。

②SiHCl₃的合成。三氯氢硅的合成可在流化床和固定床两类设备中进行。与固定床相比，用流化床合成三氯氢硅的方法具有生产能力大、能连续生产、产品中三氯氢硅含量高、成本低以及有利于采用催化反应等优点，因此目前已被国内外广泛采用。

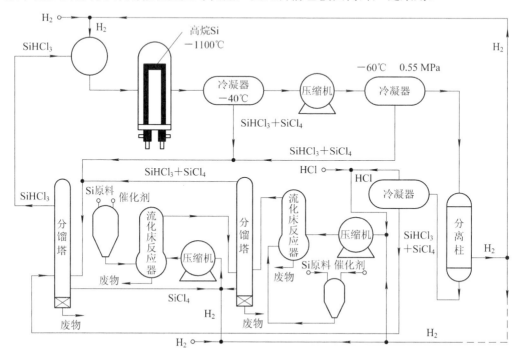

图 3-3　改良西门子法的工艺流程

SiHCl₃ 主要是硅粉和氯化氢在流化床反应器中生成的，硅粉和氯化氢按下列反应生成 SiHCl₃：

$$Si(s)+3HCl(g) \xrightarrow{280\sim350℃} SiHCl_3(g) + H_2(g) + Q(热量)$$

该反应为放热反应，为保持反应器内的温度稳定在 280~320℃ 范围内，以提高产品质量和实收率，必须将反应热及时带出。随着温度的增高，SiCl₄ 的生成量不断变大，SiHCl₃ 的生成量不断减小，当温度超过 350℃ 时，将生成大量的 SiCl₄：

$$Si(s)+4HCl(g) \xrightarrow{\geq 350℃} SiCl_4(g) + 2H_2(g) + Q(热量)$$

若温度控制不当，有时产生的 SiCl₄ 甚至高达 50% 以上，此反应还产生各种氯硅烷，硅、碳、磷、硼的聚卤化合物，$CaCl_2$、$AgCl_2$、$MnCl_3$、$AlCl_3$、$ZnCl_2$、$TiCl_4$、$PbCl_3$、$FeCl_3$、$NiCl_3$、BCl_3、CCl_3、$CuCl_2$、PCl_3 等。

如温度过低，将生成 SiH₂Cl₂ 低沸物：

$$Si(s) + 2HCl(g) \xrightarrow{\leq 280℃} SiH_2Cl_2(g) + Q(热量)$$

③ SiHCl₃ 合成工艺条件。

反应温度：温度对 SiHCl₃ 合成的影响最大，温度过低，则反应速度低，化学平衡朝生

成 SiH_2Cl_2 的方向移动，会导致 $SiHCl_3$ 含量低；温度过高，反应速度增加，化学平衡朝生成 $SiCl_4$ 的方向移动，同样会导致 $SiHCl_3$ 含量降低。所以在生产过程中，反应温度应控制在适当的范围。

反应压力：炉内需要保持一定的压力，保证气固相的反应速度，且炉底和炉顶要保持一定的压力降，才能保证沸腾床的形成和连续工作；系统压力过大，沸腾炉内 HCl 的流速小、进气量小、反应效率低，$SiHCl_3$ 含量低、产量小，且加料易坍塌，易烧坏花板及风帽，不易控制。

硅粉粒度：硅粉与 HCl 气体的反应属于气固相之间的反应，是在固体表面进行的，硅粉越细，比表面积越大，越有利于反应。但是颗粒在"沸腾"过程中相互碰撞，易摩擦起电，如果颗粒过小，则易在电场作用下聚集成团，使沸腾床出现"水流"现象，影响反应的正常进行，且易被气流夹带出合成炉，堵塞管道和设备，造成原料的浪费；如果颗粒过大，与 HCl 气体的接触面积变大，反应效率低，且易沉积在沸腾炉底，烧坏花板及风帽，导致系统压力变大，不易沸腾。

由此可以看出，合成 $SiHCl_3$ 的过程中，反应是一个复杂的平衡体系，可能有很多种物质同时生成，因此要严格地控制操作条件，才能得到更多的 $SiHCl_3$。

2) $SiHCl_3$ 的提纯

超纯硅质量的好坏，往往取决于原料的纯度，在产品质量要求特别高的时候，全部生产过程的效果在极大程度上由原料的纯度决定。

在 $SiHCl_3$ 的合成过程中，由于原料、工艺过程等多种原因，不可避免地会在 $SiHCl_3$ 产品中存在很多的杂质，为此，要对 $SiHCl_3$ 进行提纯处理。

目前提纯 $SiHCl_3$ 的方法很多，不外乎萃取法、络合物法、固体吸附法、部分水解法和精馏法。其中，最为常用的方法是精馏法。

(1) 萃取法：在一定温度下，物质在相同化学组成的混合物中分配在两个互不混溶的有机溶剂中，充分振荡后，使某些物质进入有机溶剂中，而另一些物质仍留在溶液中，从而达到分离的效果。该方法操作麻烦、萃取剂的纯度不高。

(2) 络合物法：在混合液中加入对某物质能起作用的络合剂与这种物质生成一种稳定的络合物，即使加热也不会分解和挥发，而留在高沸物中。该方法操作麻烦，需要静止较长的时间，络合剂的纯度不高。

(3) 固体吸附法：是用固体吸附剂来进行吸附的，要求吸附剂的纯度高。该方法对分离极性杂质磷和金属氯化物特别有效，但被吸附的物质往往容易使吸附剂中毒。

(4) 部分水解法：是将三氯化硼(BCl_3)用水洗的方法，生成硼的氧化物(B_2O_3)，同时有大量的 $SiO_2 \cdot nH_2O$ 产生，因此也是不太适用的一种方法。

(5) 精馏法：是一种最重要的提纯方法，该方法的处理量大，操作方便，效率高，又可避免引进任何试剂，绝大多数杂质都能被完全分离，特别是非极性重金属氧化物，但对彻底分离硼、磷和强极性杂质氯化物则有一定的限制。

将前道工序合成的 $SiHCl_3$ 加入到精馏塔中，通过各组分的熔沸点的差别，将 $SiHCl_3$ 提纯出来，从而得到高纯度的 $SiHCl_3$。

3) $SiHCl_3$ 还原制备高纯硅

(1) 三氯氢硅还原的反应原理。经提纯和净化的 $SiHCl_3$ 和 H_2 按一定比例进入还原炉，

在 1080~1100℃温度下，$SiHCl_3$ 被 H_2 还原，生成的硅沉积在发热体硅芯上。其化学方程式为

$$SiHCl_3 + H_2 \xrightarrow{1080\sim1100℃} Si + 3HCl(主)$$

同时还会发生 $SiHCl_3$ 热分解和 $SiCl_4$ 的还原反应：

$$4SiHCl_3 \xrightarrow{1080\sim1100℃} Si + 3SiCl_4 + 2H_2$$

$$3SiCl_4 + 2H_2 \xrightarrow{1080\sim1100℃} Si + 4HCl$$

(2) 三氯氢硅还原的影响因素。

氢还原反应及沉积温度：三氯氢硅和四氯化硅还原反应均是吸热反应，升高温度有利于反应朝吸热一方移动，有利于硅的沉积，也会使硅有好的结晶性能，而且表面具有光亮的灰色金属光泽，但是实际反应温度不能过高。温度过高，自气相往固态载体上沉积硅的速度反而下降；沉积的硅化学性质增强，受到设备材质沾污的可能性增大；会发生硅的逆腐蚀反应；对硅极为有害的杂质如 B、P 等化合物的还原量也加大，这将增加对硅的沾污。因此，在生产中采用 1080~1100℃的温度进行三氯氢硅的还原反应。

反应混合气配比：混合气的配比指的是氢气和三氯氢硅的当量比。在三氯氢硅的还原过程中，用化学当量计算配比进行还原反应时，产品呈非晶体型褐色粉末状析出，而且实收率很低。这是由于氢气不足，发生其他副反应的结果，因此，氢气必须比化学当量值大，以利于提高实收率，而且产品质量较好。然而氢气的配比也不能过大，若配比过大，会稀释三氯氢硅的浓度，减少三氯氢硅与硅棒表面碰撞概率，降低硅的沉积速度和硅的产量，而且氢气得不到充分利用。从 BCl_3、PCl_3 的氢还原反应中可以看出，过高的氢气不利于逆制 B、P 的洗出，影响产品质量。

反应气体流量：在保证达到一定沉积速度的条件下，流量越大，还原炉的产量越高。增大气体流量后，炉内气体湍动程度随之增加，消除了灼热载体表面的气体边界层，增加了还原反应速度，使硅的实收率得到提高，但反应气体流量不能增得太大，否则会造成气体在炉内停留时间太短，转化率相对降低。

沉积表面积：硅棒的沉积表面积由硅棒的长度与直径决定，在一定的长度下，硅棒的表面积随硅的沉积量增加而增大，沉积表面积越大，沉积速度越高。所以，采用多对、大直径硅棒有利于提高生产效率。

还原反应时间：反应时间越长，沉积的硅棒越粗，对提高产品质量与产量都是有益的。随着反应的进行，沉积硅棒越来越粗，载体表面越来越大，沉积速度不断增加，反应气体对沉积面碰撞机会增加，产量越来越高。

2. 硅烷法

硅烷在常温下是一种无色、与空气反应并会引起窒息的气体。该气体通常与空气接触会引起燃烧并放出很浓的白色的无定型二氧化硅烟雾。

硅烷热分解法制备高纯硅是近年来国内外研究较多的一种有发展前景的方法，它由硅烷的制备、硅烷的提纯和硅烷热分解三个基本步骤组成。

1) 硅烷的制备

硅烷有多种制法，目前主流的生产工艺有硅镁合金法工艺(Komatsu 硅化镁法)、氯硅烷歧化工艺(Union Carbide 歧化法)、金属氢化物工艺(MEMC 公司发明的新硅烷法)三种。

(1) 硅镁合金法工艺。硅镁合金制备硅烷气体工艺也称小松法工艺。硅镁合金法制备硅烷的工艺流程非常简单。小松法制备硅烷工艺是历史上研究最多的工艺路线，该方法的主要反应有：

$$Si + 2Mg \rightarrow Mg_2Si$$
$$Mg_2Si + 4NH_4Cl \rightarrow SiH_4 + 2MgCl_2 + 4NH_3$$

第一步反应在真空或保护气氛下进行；第二步反应在低温液氨下进行，其中生产的氯化镁在液氨环境下与液氨络合成六氨氯化镁。由于成本过高，该方法目前还没有应用于千吨级规模的生产线。硅镁合金法工艺到目前为止还没有用于大规模多晶硅生产线。

(2) 氯硅烷歧化工艺。氯硅烷歧化反应法利用氯硅烷的合成和歧化反应来获得硅烷：

$$Si + 2H_2 + 3SiCl_4 \rightarrow 4SiHCl_3$$
$$6SiHCl_3 \rightarrow 3SiH_2Cl_2 + 3SiCl_4$$
$$4SiH_2Cl_2 \rightarrow 2SiH_3Cl + 2SiHCl_3$$
$$2SiH_3Cl \rightarrow SiH_2Cl_2 + SiH_4$$

该工艺的整个过程是闭路运行的，一方投入硅与氢，另一方获得硅烷，因此排出物少，对环保有利，同时材料的利用率高。该方法已经实现了千吨级规模的生产水平。美国 REC(前身为 Asimi)采用该方法来制备硅烷气体。

(3) 金属氢化物工艺。该工艺采用氢化铝钠与四氟化硅气体反应合成硅烷气体，化学反应如下：

$$NaAlH_4 + SiF_4 \rightarrow NaAlF_4 + SiH_4$$

该反应生产的粗硅烷气体经吸附塔、脱重塔和脱轻塔纯化精制，把粗硅烷气体提升到 6N 以上的高纯度电子级硅烷气体，再经过低温液化处理制得的液态硅烷储存在产品硅烷储槽内，通过蒸发液态的硅烷气体变成常温的硅烷气体供硅烷还原多晶硅工段使用。美国 MEMC 公司采用该方法大规模生产多晶硅，技术已经很成熟，在 20 年前就用于年产千吨级以上的多晶硅生产线上。

2) 硅烷的提纯

提纯硅烷的方法很多，一般不外乎水解法、络合法、精馏提纯法、预热分解法以及分子筛吸附提纯法等。各种提纯的方法各有优缺点，综合考虑，多数厂家和研究单位采用预热分解和分子筛吸附提纯硅烷。

(1) 预热分解提纯硅烷。氢化物的稳定性相差很大，因此可以通过适当加热或者催化的方法，将硅烷中某些杂质氢化物，如 AsH_3、SbH_3、SnH_4 以及部分 B_2H_6 等预先分解掉。

预热分解是将硅烷气体加热到约 380℃，这时硅烷分解缓慢，而 SnH_4、B_2H_6 分解较快。但它并不是有效的提纯措施，因为粗硅烷中可能存在碳、氮等氢化物，比硅烷稳定得多，对磷、硼和砷的氢化物作用也不十分彻底。

(2) 分子筛吸附提纯硅烷。硅烷沸点低，分子没有极性，一般与吸附剂的亲和力较弱，相比之下，其他杂质氢化物则比较容易吸附，因此，用分子筛吸附提纯硅烷是很早就采用的方法。

粗硅烷中除了 SiH_4 和 H_2 之外，还含有 NH_3、PH_3、AsH_3、SiH_6、CH_4 及数量很少的其他杂质氢化物、残余空气(O_2、N_2)，根据杂质与硅烷性质的差异，选用 4A、5A 分子筛组合起来将其与硅烷分离。经分子筛分离后，气体进入预热分解柱，在预热分解柱内与加热到 350℃～380℃ 的填料接触，由于气流中各氢化物热稳定性不同，热稳定性差的会在加热表面分解，转变成不挥发的固体物质，SiH_4 在此条件下不分解，从而达到提纯的目的。

3) 硅烷热分解

(1) 硅烷热分解原理：

$$SiH_4 \rightarrow Si + 2H_2$$

(2) 硅烷热分解制备多晶硅的工艺条件。硅烷热分解既可以是气相分解，又可以是在加热载体上的分解，气相反应主要生成的是不定性硅，而在热载体上分解才能生成晶体硅。为了提高硅的实用率，要尽量较少用气相分解。

热分解温度：硅烷分解为吸热反应，提高温度有利于分解，但从气相往固相载体上沉积时，载体温度存在一个最高值，超过此温度后，继续升高载体温度，沉积速度反而会下降。硅烷热分解的最高温度 $T = 1250℃$，但是如果采用这么高的载体温度势必引起载体周围的气相分解加剧，同时，设备材料污染也会增加，实际上在 800℃～1000℃ 范围内，热分解效率已经很好了，所以分解温度一般控制在 850℃～900℃。

炉内气氛：提高炉内氢气压力有利于抑制气相分解，而对在载体上的热分解反应影响较小。

硅烷气体的浓度：在保证一定转化率的情况下，硅烷气体浓度越大，沉积速度越快，但是过大的硅烷浓度将使气相反应加剧，出现大量无定形硅，使炉内气氛浑浊，同时棒状硅的结构疏松，表面粗糙，易为杂质沾污，所以用 H_2 或惰性气体稀释硅烷浓度或减低硅烷进气压力以减少气相分解。

气体流量：在载体温度和硅烷浓度适当的情况下，提高气体流量能增加气体湍动状态，有利于消除边界层和提高硅的沉积速度使之生长均匀，但是如果流量过大，则在炉内停留时间短，会使反应不完全，降低硅的实用率。

第三节　单晶硅、多晶硅的生产工艺

单晶硅的生产加工主要是指由高纯多晶硅拉制单晶硅棒的过程；多晶硅的生产加工主要是指由高纯多晶硅铸锭多晶硅的过程。

一、单晶硅棒的制备

单晶硅材料是非常重要的晶体硅材料，根据生长方式的不同，可以分为区熔单晶硅和直拉单晶硅。区熔单晶硅是利用悬浮区域熔炼(Float Zone)的方法制备的，所以又称 FZ 单晶硅。直拉单晶硅是利用切氏法(Czochralski)制备单晶硅，称为 CZ 单晶硅。这两种单晶硅具有不同的特性和不同的器件应用领域，区熔单晶硅主要应用于大功率器件方面，只占单晶硅市场很小的一部分，在国际市场上约占 10%左右；而直拉单晶硅主要应用于微电子集成电路和太阳能电池方面，是单晶硅的主体。与区熔单晶硅相比，直拉单晶硅的制造成本相对较低，机械强度较高，易制备大直径单晶硅。所以，太阳能电池领域主要应用的是直拉单晶硅，而不是区熔单晶硅。

　　直拉法生长晶体的技术是由波兰的 J.Czochralski 在 1971 年发明的，所以又称切氏法。1950 年 Teal 等将该技术用于生长半导体锗单晶，然后又利用这种方法生长直拉单晶硅。在此基础上，Dash 提出了直拉单晶硅生长的"缩颈"技术，G. Ziegler 提出了快速引颈生长细颈的技术，构成了现代制备大直径无位错直拉单晶硅的基本方法。目前，单晶硅的直拉法生长已是单晶硅制备的主要技术，也是太阳能电池用单晶硅的主要制备方法。单晶硅棒如图 3-4 所示，单晶炉的外形如图 3-5 所示。

图 3-4　单晶硅棒　　　　　　　　　　图 3-5　单晶炉的外形

　　直拉单晶硅的制备工艺一般包括原材料的准备、掺杂剂的选择、石英坩埚的选取、籽晶和籽晶定向、装炉、熔硅、种晶、缩颈、放肩、等径、收尾和停炉等阶段。

1. 单晶硅原材料的准备

　　生长直拉单晶硅所用的多晶硅原料，大多数是用硅芯、钽管作发热体生长的。硅芯作发热体生长的多晶硅，破碎或截成段后，经过清洁处理就可以作为直拉单晶的原料；钽管作发热体生长的多晶硅，需首先用"王水"把钽管和钽硅合金腐蚀干净，再破碎或截断后进行清洁处理，方可作为直拉单晶硅的原料。

　　无论用哪种材料作为直拉单晶硅的原料，必须符合以下条件：结晶要致密，金属光泽好，断面颜色一致，没有明暗相间的温度圈或氧化夹层；从微观来看，纯度要高。

2. 掺杂剂的选择

　　拉制一定型号和一定电阻率的单晶，选择适当的掺杂剂是非常重要的。五族元素常用作硅单晶的 N 型掺杂剂，主要有 P、As、Sb。三族元素常用作硅单晶的 P 型掺杂剂，主要有 B、Al、Ga。直拉单晶硅的电阻率范围不同，掺杂剂的形态也不一样。目前的太阳能电池用单晶硅，采用母合金作掺杂剂。所谓母合金，就是杂质元素与硅的合金。多晶硅熔化后放入较多掺杂元素，拉制成晶体，然后切片、分级、破碎、清洁处理、制成母合金。常用的母合金有硅磷母合金和硅硼母合金，常见的太阳能电池用单晶硅一般选用硅硼母合金作为掺杂剂。

3. 石英坩埚的选取

石英坩埚的几何外形有半球形和杯形两种。目前，杯形坩埚(即平底坩埚)有代替球形坩埚的趋势。杯形坩埚可盛放较多的多晶硅，相应提高了单晶硅的成品率，而且单晶硅收尾部时，直径容易控制。

从材质看，石英坩埚有透明石英坩埚和不透明石英坩埚。它们都是由二氧化硅制成的，但因制作温度不同，因而形成了二氧化硅的同素异构体 α 石英和 β 石英。无论透明坩埚还是不透明坩埚，厚度都要均匀一致，内壁光滑无气泡，纯度高。目前的直拉单晶硅用坩埚一般为透明的石英坩埚。

4. 籽晶和籽晶定向

籽晶是生长晶体的种子，也叫晶种。用籽晶引单晶，就是在即将结晶的熔体中加入单晶晶核。籽晶是否是单晶，是生长单晶的关键。用不同晶向的籽晶作晶种，会获得不同晶向的单晶。

籽晶一般采用单晶硅切成，断面呈每边长 5 mm 的正方形，长度约为 50 mm。由于切割籽晶时的种种原因，籽晶正方向与要求的[1 1 1]或[1 0 0]方向存在一个偏离角度，角度的大小和偏离方向必须进行定向测量。

籽晶定向有三种方法，即 X 射线照相法、单色 X 射线衍射法和光图像法。X 射线照相法、单色 X 射线衍射法定向操作复杂，设备昂贵，单晶硅生产中一般不采用，而常采用操作方便且设备简单的光图像法。

多晶硅原料、母合金、石英坩埚、籽晶等在生产、加工、运输、储存过程中会被空气中的油、水蒸气、尘埃等沾污。多晶硅、母合金、籽晶上的油污可用丙酮或苯去掉，石英坩埚表面的污物可用洗涤剂或肥皂清洗。

无论用哪种方法进行清洗，多晶硅、母合金、坩埚、籽晶清洗完后必须立即放入红外线烘箱烘干，烘干冷却后按要求放入清洗干净的塑料袋内，也可放入专门的塑料盒子里封好备用。

此外，苯、丙酮等有机溶剂的蒸汽对身体有害，盐酸、王水、硝酸、氢氟酸对人体有很强的腐蚀性和毒性，在进行操作时要特别小心，做到安全操作，严防事故发生。

5. 装炉

在洁净的工作室内，戴上处理过的清洁的薄膜手套，将处理好的清洁的定量多晶硅放入洁净的坩埚内，并用万分之一光学天平称好掺杂剂。然后，打开炉门，取出上次拉的单晶硅，卸下籽晶夹，取出用过的坩埚、保温罩、石墨托碗，并清洁干净。

将腐蚀好的籽晶装入籽晶夹头，籽晶一定要装正、装牢，否则，晶体生长方向会偏离要求的晶向，也可能拉晶时籽晶脱落、发生事故。

将清理干净的石墨器件装入单晶炉，调整石墨器件的位置，把装好的籽晶夹头装在籽晶轴上。将称好的掺杂剂放入装有多晶硅的石英坩埚中，再将石英坩埚放在石墨托碗里，然后按装多晶硅的步骤将多晶硅放入石英坩埚。

转动坩埚轴，检查坩埚是否放正，多晶硅块放得是否牢固，一切正常后，将坩埚降到熔硅位置。

一切工作准确无误后，关好炉门，开动机械泵和低真空阀门抽真空，待炉内压力达到规定值时，打开冷却水，开启扩散泵，打开高真空阀门。待炉压达到一定值时，加热熔硅。

6. 熔硅

开启加热功率按钮，使加热功率分次升到熔硅的最高温度(1500℃左右)，熔硅温度升到1000℃时应转动坩埚，使坩埚各部分受热均匀。多晶硅块全部熔完后，将坩埚升到引晶位置，同时关闭扩散泵和高真空阀门，只开机械泵保持低真空，转动籽晶轴，将籽晶降下至熔硅液面3~5 mm处。

7. 种晶

多晶硅熔化后，保温一段时间，使熔硅的温度和流动达到稳定，然后进行晶体生长。在晶体生长时，首先将单晶籽晶固定在旋转的籽晶轴上，然后将籽晶缓慢降下，距液面数毫米处暂停片刻，烘烤籽晶，使籽晶温度尽量接近熔硅温度，以减少可能的热冲击；籽晶下降到与熔硅接触时，使头部首先少量溶解，然后和熔硅形成一个固液界面；随后，籽晶逐步上升，与籽晶相连并离开固液界面的硅温度降低，形成单晶硅，此阶段称为"种晶"。

下种前，必须确定熔硅温度是否合适。初次引晶，应逐渐分段稍许降温，待坩埚边上刚刚出现结晶，再稍许升温使结晶熔化，此温度就是合适的引晶温度。

8. 缩颈

种晶完成后，开始缩颈。引晶时，由于籽晶和熔硅温差大，高温的熔硅对籽晶造成强烈的热冲击，籽晶头部产生大量位错，缩颈就是为了减少引晶过程中出现的这种位错。籽晶快速向上提升，晶体生长速度加快，新结晶的单晶硅的直径将比籽晶的小，可达 3 mm左右，其长度约为此时晶体直径的6~10倍，称为"缩颈"阶段。由于位错线与生长轴成一个交角，只要缩颈足够长，位错便能长出晶体表面，产生零位错的晶体。缩颈过程中，应主要控制温度。

9. 放肩

"缩颈"达到规定长度，完成后，如果晶棱不断，立即降温、降拉速，使细颈的直径渐渐增大到规定直径，形成一个近180°的夹角，此阶段称为"放肩"。

放肩时，拉速很慢，可以是零，当单晶将要长大到规定直径时升高温度，当单晶长到规定直径时突然提高拉晶速度进行转肩，使肩近似为直角，进入等径生长阶段。

10. 等径

细颈和肩部长成之后，借着拉速与温度的不断调整，当放肩达到预定晶体直径时，晶体生长速度加快，并保持几乎固定的速度，使晶体保持固定的直径生长。随着单晶长度的增加，单晶散热表面积变大，散热速度增快，单晶生长表面熔硅温度降低，单晶直径增加。另外，单晶长度不断增加，熔硅逐渐减少，坩埚内熔硅液面逐渐下降，熔硅液面越来越接近加热器的高温区，单晶生长界面的温度越来越高，单晶变细。在单晶的生长过程中，要根据两个过程的综合效果，增加或降低加热功率。

一般而言，当单晶进入等径生长后，调整控制等径生长的光学系统，打开电气自动部分，使单晶自动等径生长，可使晶棒直径维持在±2 mm 之间，这段直径固定的部分即等径部分。单晶硅片取自于等径部分。

11．收尾

当熔硅较少后，单晶硅开始收尾，尾部收得好坏对单晶硅的成品率有很大的影响。在收尾阶段，如果将晶棒与液面立刻分开，由于热应力的作用，尾部会产生大量的位错，并沿单晶向上延伸，且延伸长度约等于单晶尾部直径。为了避免此类问题的发生，在晶体生长结束时，再次加快晶体硅的生长速度，同时升高硅熔体的温度，使得晶体硅的直径不断缩小，形成一个圆锥形，直到成一尖点而与液面分开。这一过程称为尾部生长。生长完成的晶棒被升至上炉室冷却。

12．停炉

单晶提起后，立即停止坩埚和籽晶轴的转动，加热功率降至零。然后，关闭低真空阀门、排气阀门和进气阀门，停止真空泵运转，关闭所有控制开关，晶体冷却后，拆炉取出晶体，送检验部门检验。

二、铸造多晶硅

直到 20 世纪 90 年代，太阳能光伏工业还是主要建立在单晶硅的基础上。虽然单晶硅太阳能电池的成本在不断下降，但是与常规电力相比还是缺乏竞争力，因此，不断降低成本是光伏界追求的目标。自 20 世纪 80 年代多晶硅发明和应用以来，增长迅速，80 年代末期它仅占太阳能电池材料的 10%左右，而至 1996 年底已占整个太阳能电池材料的 36%，它以相对低成本、高效率的优势不断挤占单晶硅的市场，成为最有竞争力的太阳能电池材料。21 世纪初已占 50%以上，成为最主要的太阳能电池材料。

太阳能电池材料多晶硅锭是一种柱状晶，晶体生长方向垂直向上，是通过定向凝固(也称可控凝固、约束凝固)过程来实现的，即在结晶过程中，通过控制温度场的变化，形成单方向热流(生长方向与热流方向相反)，并要求液固界面处的温度梯度大于 0，横向则要求无温度梯度，从而形成定向生长的柱状晶。实现多晶硅定向凝固生长的四种方法分别是布里曼法、热交换法、电磁铸锭法、浇铸法。目前企业生产多晶硅最常用的方法为热交换法。多晶硅锭如图 3-6 所示，多晶硅铸锭炉外形如图 3-7 所示。

图 3-6　多晶硅锭

图 3-7　多晶硅铸锭炉

热交换法生产多晶硅的制备工艺一般包括原料的准备、掺杂剂的选择、坩埚喷涂、装料、装炉、加热、化料、长晶、退火、冷却、出锭、硅锭冷却、石墨护板拆卸等过程。

1．原料的准备

铸造多晶硅所用原料大多数是多晶硅锭的头尾料、碎片等。头尾料、碎片需要经过清洁处理方可作为多晶硅生产的原料。

首先应按照配料作业指导书，准确称量相关品种的硅料，并清洗干净。

2．掺杂剂的选择

铸造多晶硅所用掺杂剂的选择与直拉单晶硅的选择类似。根据所铸多晶硅的型号，选择 P 型、N 型掺杂剂，常见的 P 型掺杂剂为 B、Al、Ga，常见的 N 型掺杂剂为 B、Al、Ga。多晶硅的电阻率范围不同，掺杂剂的形态也不一样。目前在多晶硅的铸造中，采用母合金作为掺杂剂，常用的是硅硼母合金。应根据铸造多晶硅的原料，进行计算，确定添加掺杂剂的量，并正确称量。

3．坩埚喷涂

1) 喷涂目的

坩埚喷涂是用纯水把粉末喷料氮化硅涂喷在坩埚表面，在加热作用下，使液态氮化硅均匀地吸附于坩埚表面，形成粉状涂层。氮化硅是一种超硬物质，本身具有润滑性，并且耐磨损；除氢氟酸外，它不与其他无机酸反应，抗腐蚀能力强，高温时抗氧化。同时，它还能抵抗冷冲击，在空气中加热到 1000℃ 以上，急剧冷却再急剧加热，也不会碎裂。

涂层的目的是保护陶瓷方坩埚在高温下与硅隔离，使液态硅不与陶瓷方坩埚反应，而使陶瓷方坩埚破裂，及冷却后最终保证硅碇脱膜的完整性。

坩埚喷涂利用的是不同于其他喷涂技术的方法。喷涂坩埚的方法可分为加热喷涂与滚涂两种。滚涂方法技术工艺简单，涂层不均，时间长，氮化硅使用量大，成本高，所以现使用的是较先进的加热喷涂技术。

2) 喷涂工艺

坩埚喷涂前需做好准备工作，按要求用电子称准确取出磨料并研磨，使之达到工艺要求并落入小桶中，研磨完后，再视检坩埚是否达到工艺要求，对视检合格的坩埚记录序号并放置于旋转台内，如图 3-8 所示。

图 3-8　旋转台

慢慢搅拌并加入研磨好的氮化硅，氮化硅加完后高速搅拌数分钟，当坩埚温度达到规定值时，开始喷涂并记录开始喷涂的时间、喷涂时的温度，直至喷涂完所有氮化硅混合液。喷涂完成后再进行热处理，热处理的目的是提高涂层结晶度，避免内应力引起的涂层脱落，从而提高涂层的韧性和附着力。

4．装料

1) 坩埚检验

坩埚的检验按光源标准要求区分喷涂等级面，所有等级面涂层应没有材露、底剥离等缺陷，所有表面应无起泡、龟裂、桔皮、针孔等不良现象，应选择达到标准的坩埚进行装料。

2) 装料

操作员戴好手套，用吸尘器吸去石墨板上、推车上的灰尘，在推车上放块石墨板，摆放整齐(石墨平面与车板平行)，如图 3-9 所示。将坩埚轻放在干净的石墨板正中，校正好石墨板与小车各面位置，然后把坩埚推入装料室中摆放好。

操作员在装料前必须带好口罩、帽子、一次性胶皮手套，并用吸尘器吸去坩埚中的氮化硅粉末。应按照作业指导书进行装料操作，不要扔、投，以免刮破喷涂层。

图 3-9　坩埚的摆放

注意：装料过程中注意防尘，不接触金属，轻拿轻放，不要碰坏喷涂层，当装料装至整个坩埚的高度 1/2 时，加入掺杂物质，将其均匀摆放在硅料表面。然后继续装料，直至完成。在接近坩埚顶部时尽量将硅料摆在坩埚中间位置，以免掉落。

装完料后，用吸尘器吸去推车上、石墨板上的残留物质，在坩埚四边固定好石墨挡板的四边，石墨挡板的边必须与石墨底板的边相吻合，且石墨挡板与底板平面相互垂直，对边两挡板与坩埚距离保持一致，再送往 DSS 铸锭区。

5．装炉

装炉需多人合作，应首先做好防护措施。在进行完炉体卫生清洁及溢流孔的疏通，并确认炉子正常后开始进料操作。

1) 装炉前的检查

(1) 检查料的高度及坩埚边缘是否有料。

(2) 检查坩锅与底板距离是否等距。

(3) 检查螺杆、螺帽。

(4) 装好护板后检查螺帽的松紧度。

2) 装炉

(1) 在用叉车插料时，一人控制叉车，一人指挥，以免撞到叉车臂手，损坏石墨底板。注意调节好叉车臂的升降速度。

(2) 打开下炉体(确认 4 个夹子以对角方式打开)。

(3) 将料装至叉车臂后，将叉车臂手放至最低处，移动叉车至炉子正对面，将叉车臂上升至已做好标记的范围内。

(4) 入料后，缓慢地将料放在 DS-BLOCK 正中间，一定要保证 DS-BLOCK 上没有异物及尺子已移开。

(5) 将 O 型圈用酒精清洁干净后再涂抹真空油。

(6) 合炉，装好 4 个夹子(要求将 4 个夹子以对角方式合起)。此时应注意观察在上升时下炉体是否保持水平。

(7) 进行抽真空、漏检操作。

6．加热

开启加热功率按钮，使其分次升到熔硅的最高温度。利用石墨加热器给炉体加热，首先使石墨部件、隔热层、硅原料等表面吸附的湿气蒸发，然后缓慢加温，使石英坩埚的温度达到 1200℃～1300℃。该过程约要 4～5 h。

7．化料

通入氩气作为保护气，使炉内压力基本维持在 400～600 mbar。然后逐渐增温，使石英坩埚内的温度达到 1500℃左右，硅原料开始熔化。熔化过程中温度应一直保持在 1500℃左右，直至化料结束。该过程约需 20～22 h。当功率梯度与 DS-BLOCK 温度梯度变化在化料完成报警范围内时，会触发化料报警，当确认熔化已完成后，进行下一步操作。

8．长晶

硅原料熔化结束后，降低加热功率，使石英坩埚的温度降至 1420℃～1440℃硅熔点。然后将石英坩埚逐渐向下移动，或者使隔热装置逐渐上升，使得石英坩埚慢慢脱离加热区，与周围形成热交换。同时，冷却板通水，使熔体的温度自底部开始降低，晶体硅首先在底部形成，生长过程中固液界面始终保持与水平面平行，直至晶体生长完成，该过程约需 20～22 h。

(1) 中心长晶透顶报警。当高温计的梯度值大于一定值时，系统会触发中心长晶透顶报警，可通过上方视窗查看长晶是否真正已透顶。

(2) 边角长晶完成报警。程序自动监测功率斜率，功率斜率平均值先上升再下降到零后系统将触发边角长晶完成报警。进入曲线图界面进行确认，确认边角长晶是否完成。

(3) 长晶自动工序完成报警。长晶自动工序完成后，系统会触发报警，若整个生产工序过程中没有出现异常情况，则进行下一步操作。

9．退火

晶体生长完成后，由于晶体底部和上部存在较大的温度梯度，因此，晶锭中可能存在热应力，在硅片加热和电池制备过程中容易造成硅片碎裂。所以，晶体生长完成后，硅锭保持在熔点附近 2～4 h，使硅锭温度均匀，减少热应力。

10．冷却

硅锭在炉内退火后，关闭加热功率，提升隔热装置或者完全下降硅锭，炉内通入大流量氩气，使硅锭温度逐渐降低至室温附近；同时，炉内气压逐渐上升，直至达到大气压，该过程约需 10 h。

11．出锭

自动生产过程结束时，增加炉内压强到规定值，待温度为 400℃～450℃范围时，打开多晶炉下炉腔。操作人员应戴上口罩、面罩和耐高温手套，将坩埚下 DS 板上的碳纤板取出并放在 DS 板下，然后用叉车将硅锭取出，并运移到冷却专区进行冷却。取出硅锭后通知检修人员准备检测加热件、清理炉体(视情况而定)，为新装硅料做好准备，以便进入下一个生产周期。

12. 硅锭冷却

将硅锭放在指定冷却区冷却，冷却 6 小时以后，拆掉四侧护板。

13. 石墨护板拆卸

当硅锭冷却到规定的温度以下时，拆下石墨护板，并把护板放到专用小车上，再把护板送到装料区。拆卸的完成至少需要 2 个人，同时将坩埚拆下来放入中转箱中集中处理，将硅锭移入仓。

第四节　硅片的制备工艺

硅片加工过程中所包含的步骤，根据不同的硅片生产商而有所不同。这里介绍的硅片加工主要包括开方、切片、清洗等工艺。常见的单晶硅片、多晶硅片如图 3-10、图 3-11 所示。单晶硅片与多晶硅片的加工工艺基本相同，重点内容将在多晶硅的加工中进行介绍。

图 3-10　单晶硅片

图 3-11　多晶硅片

一、单晶硅片的加工

单晶硅片的加工工艺流程为：单晶硅棒→切断→开方→外径滚圆→切片→清洗→检测→包装。

1. 切断

切断又称割断，是指在晶体生长完成后，沿垂直于晶体生长的方向切去晶体硅头尾无用部分，将单晶硅棒分段成切片设备可以处理的长度，即头部的籽晶和放肩部分以及尾部的收尾部分。通常利用外圆切割机进行切割，刀片边缘为金刚石涂层，这种切割机的刀片厚、速度快、操作方便，但是刀缝宽，浪费材料，而且硅片表面机械损伤严重。目前，也有使用带式切割机来割断晶体硅的，尤其适用于大直径的单晶硅。

2. 开方

配置好切割液、搅拌好胶水，做好一切准备工作后，将切断的硅棒按要求固定在开方机上，如图 3-12 所示。开机运行，沿着硅棒的纵向方向，将硅棒切成一定尺寸的硅块，如图 3-13 所示。

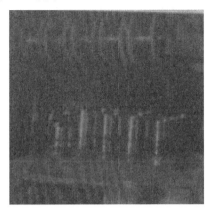

图 3-12 粘好胶的硅棒

图 3-13 开方后的硅棒

3．外径滚圆

在直拉单晶硅中，由于晶体生长时的热振动、热冲击等原因，晶体表面都不是非常平滑的，也就是说整根单晶硅的直径有一定偏差，而且晶体生长完成后的单晶硅棒表面存在扁平的棱线，需要进一步加工，使得整根单晶硅棒的直径达到统一，以便于后续操作。通过外径滚磨可以获得较为精确的直径。

4．切片

单晶硅的切片工艺与多晶硅的切片工艺基本相同，唯一不同的地方在于托板的选择上。一般而言，切割相同尺寸的硅片，单晶硅选取的托板较多晶硅的托板小一号，具体的切片工艺将在多晶硅切片中详述。

5．清洗

清洗工艺中，单晶硅片与多晶硅片的脱胶、清洗、甩干基本类似，不同之处在于两者清洗的药品不同，在此主要对晶硅清洗工艺的药品进行介绍，具体操作工艺将在多晶硅片的清洗中进行详述。

硅片切割后，常见的杂质有有机物、金属离子等。清洗是通过有机溶剂的溶解作用，结合超声波清洗技术去除硅片表面的有机杂质，同时结合酸碱溶剂对金属离子及其他杂质的作用，去除硅片表面的杂质污染离子。清洗工艺中的药品配置情况视设备与硅片生产商的不同而不同。常见的清洗方法如下：

(1) SPM 清洗。用 H_2SO_4 溶液和 H_2O_2 溶液按比例配成 SPM 溶液，SPM 溶液具有很强的氧化能力，可将金属氧化后溶于清洗液中，并将有机污染物氧化成 CO_2 和 H_2O。用 SPM 溶液清洗硅片可去除硅片表面的有机污染物和部分金属，然而此工序会产生硫酸雾和废硫酸。

(2) DHF 清洗。用一定浓度的氢氟酸可去除硅片表面的自然氧化膜，而附着在自然氧化膜上的金属也被溶解到清洗液中，同时 DHF 抑制了氧化膜的形成。此过程会产生氟化氢和废氢氟酸。

(3) APM 清洗。APM 溶液由一定比例的 NH_4OH 溶液、H_2O_2 溶液组成，硅片表面由于 H_2O_2 氧化作用生成氧化膜(约 6 nm，呈亲水性)，该氧化膜又被 NH_4OH 腐蚀，腐蚀后立即又发生氧化，氧化和腐蚀反复进行，因此附着在硅片表面的颗粒和金属也随腐蚀层而落入清洗液内。这里将产生氨气和废氨水。

(4) HPM 清洗。由 HCl 溶液和 H_2O_2 溶液按一定比例组成的 HPM 溶液，用于去除硅表面的钠、铁、镁和锌等金属污染物。此工序将产生氯化氢和废盐酸。

(5) 腐蚀 A/B 法。经切片机械加工后，晶片表面受加工应力而形成的损伤层通常采用化学腐蚀的方法去除。腐蚀 A 是酸性腐蚀液，用混酸溶液去除损伤层，产生氟化氢、NOX 和废混酸；腐蚀 B 是碱性腐蚀液，用氢氧化钠溶液去除损伤层，产生废碱液。

6. 检测

单晶硅片与多晶硅片的检测方法、工艺类似，具体检测内容将在多晶硅片检测中详述。

7. 包装

单晶硅片与多晶硅片的包装工艺类似，具体包装内容将在多晶硅片检测中详述。

二、多晶硅片的制备

多晶硅片的加工工艺主要为：开方→磨面→倒角→切片→清洗→检测→包装。

1. 开方

硅片加工过程中，考虑到外圆切割损伤严重及切割损耗较多，因此目前的太阳能行业很少应用。如今主流的用于开方的是线切割技术。线切割开方工艺如下：

(1) 粘胶：配置好胶水，将硅锭固定在开方机的工作台上。

(2) 切割液的配置：按照规定配置切割液。配置过程将在后面的切片部分介绍。

对于方形的晶体硅锭，在切断硅锭后，要进行切方块处理，即沿着硅锭的晶体生长的纵向方向，将硅锭切成一定尺寸的长方形硅块。

2. 磨面

开方之后的硅块，在硅块的表面产生线痕，需要通过研磨去除，以有效改善硅块的平坦度与平行度，达到一定的规格。

3. 倒角

将多晶硅锭切割成硅块后，硅块边角锐利部分需要倒角，修整成圆弧形，主要是防止切割时，硅片的边缘产生破裂、崩边及晶格缺陷等。倒角前后的硅块如图 3-14 所示。

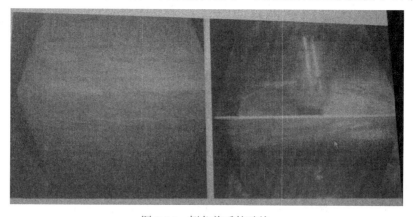

图 3-14　倒角前后的硅块

4. 切片

1) 切片工艺简介

硅片是晶体硅光伏电池中最昂贵的部分，所以降低这部分的制造成本对于提高太阳能对传统能源的竞争力至关重要。

现代切割技术中，常用的切割技术有线切割和外圆切割。外圆切割由于切割损伤严重及切割损耗较多，目前太阳能行业很少应用。如今，主流的用于硅锭和硅片切割的是线切割技术。

现代线锯的核心是在切割液配合下用于完成切割动作的超细高强度切割线，最多可实现 1000 条切割线相互平行地缠绕在导线轮上形成一个水平的切割线"网"。马达驱动导线轮使整个切割线网以每秒 5 到 25 米的速度移动。切割线的速度、直线运动或来回运动都会在整个切割过程中根据硅锭的形状进行调整。在切割线运动过程中，喷嘴会持续向切割线喷射含有悬浮碳化硅颗粒的切割液。

硅块被固定于切割台上，通常一次 4 块。切割台垂直通过运动的切割线组成的切割网，使硅块被切割成硅片。切割原理看似非常简单，但是实际操作过程中有很多挑战。线锯必须精确平衡和控制切割线直径、切割速度和总的切割面积，从而在硅片不破碎的情况下，取得一致的硅片厚度，并缩短切割时间。

2) 切片准备工作

玻璃的选取：玻璃要求两面磨砂，表面平整，倒角大小在规定的范围内，不能有崩边、裂痕等不良现象。

托板的选取：应选取没有受损变形的，并没有变形突起的东西，以免切割时晃动产生线痕。

切割液的配置：按切割要求领取相应的碳化硅，并放在烤箱中烘烤若干时间，去除碳化硅中的水分及将结块的碳化硅烤散，并做好烘烤记录。以免受潮的碳化硅增加砂浆的水分，降低悬浮液的悬浮能力，增加线痕。成小团的碳化硅也会增加线痕。

将烘烤好的碳化硅放置在搅拌缸旁，往搅拌缸中加入悬浮液，打开搅拌器搅拌，将碳化硅缓慢均匀地倒进搅拌缸中，直到配好为止。配好后，搅拌若干时间后测量密度，将切割液的密度配置到所需值，调好密度后，对切割液进行充分搅拌，每几个小时测量一次密度，切割液至少搅拌 12 个小时以上才能用于切片。

切割液对切片性能会产生很大的影响。切割液中有水分或密度不够，会影响碳化硅的切割能力，从而产生密布线痕、TTV、线弓过大而断线、切割液温度过高等问题；切割液搅拌不均匀，有结块、小团或硅纸屑等其他杂物时，切割时会产生划伤的线痕。

粘胶技术：根据作业指导书，严格按照比例要求，称取相应质量的 A 胶和 B 胶。取胶的勺子应分开使用，取好胶后，将胶充分搅拌均匀，特别是碗壁和碗底处的胶要充分搅拌，否则会增加掉片风险。

将搅拌好的胶涂在托板上，进行玻璃的粘胶。用粘胶的刀将胶抹均匀，反复抹几遍，赶走胶中的气泡，粘好后要检查玻璃下面是否有气泡，一定要确保下面不能有气泡，检查后将托板和玻璃定好位，再用重铁块压好。

玻璃粘好后，用重铁块压几十分钟后即可粘硅块。粘硅块时，所用力道与粘玻璃的力道差不多，并确保粘硅块时没有气泡。粘第二块硅块时，要注意两硅块不要相撞，以免产生崩边或裂纹。

硅块粘好后，在硅块表面粘 PVC 条。粘 PVC 条时，先检查 PVC 条的质量，如 PVC 条有金属粉等杂质，则不能使用。粘胶时，先在硅块上粘两根胶带，再涂胶，然后把 PVC 条放上去，用力一压再把胶带去除。如果粘好的 PVC 条后有多余的胶溢出来，不可用锋利的工具去刮，以免划伤硅块。

硅块粘好后，在托盘尾部的玻璃上写上粘胶日期及时间并确保每块硅块上都写有硅锭号、硅块号。粘好胶后，固化若干小时才能拿去切片。

3) 切割工艺过程

切割工艺过程为：更换放线轴→切割前准备→晶棒装载→整理线网→热机→自动切割→运行监视→运行结束→移除旧线→冷却晶棒→取片。

(1) 更换放线轴。去除张力、剪断钢线，拆除线轴螺丝，拿走法兰盘，准备好新收线轴，将破线端口表面毛刺用锉去除；安装上新线轴、固定线轴位置，把旧线拆卸到旧线箱内，擦净法兰盘及锥形轴测距仪，重新上好法兰盘螺丝；测量收线轴排线区域内外壁到机床壁的距离，测量滑轮外套的外边缘到机床壁的距离。直至排线完成。

(2) 切割前准备。在开始切割之前，做好下列检查：钢线是否足够；输出轴上的间空是否足够切割；排线位置是否适当及调整是否正确；浆料导出管有无泄露；冷却水流量和压力是否适当；检查所有部件(浆料顶、底部，导轮前后轴承，电器柜)的温度是否正常；检查硅棒的位置及夹持情况；工作台的垂直位置，降至硅棒顶面上方即可；浆料帘是否均匀；在控制面板上，检查切割工艺是否正确。

(3) 晶棒装载。将粘好胶的硅块按照要求安装在线切割机上，并准确定位。随后启动预热程序，预热约 5 分钟。

(4) 整理线网。检查四个轮线网有无跳线，有跳线的整理线网，然后用压缩空气沿上下方向吹除导轮槽内的颗粒杂物，整理完毕后再预热约 5 分钟，继续检查直到无跳线。

(5) 自动切割。重新设定预热时间为 5 分钟，启动切割程序。

(6) 运行监视。每 30 分钟观察线网跳线情况并作记录，检查砂帘有无断流，回砂温度是否处于规定范围，以及线弓情况并给予记录。

(7) 运行结束。结束前几分钟，准备好新钢线、取片小车、电筒、纸板、装护板的小车，结束前 1 分钟时，记录结束时间、结束密度。

(8) 移除旧线。剪断收线轴钢线，关闭钢线管理室安全门并加锁；用扳手松开法兰并取下；打开固定外盘的螺丝，取下外盘，将松散的钢线放入盛放废线的容器中。

(9) 冷却晶棒。拆除线网两侧的挡板，用铲子把夹在晶棒中的掉片铲下来，打开浆料，正向转动导轮冷却晶棒数分钟，使软化的胶冷却，以防止硅片倒伏。在此冷却时间内更换收线轴。

(10) 取片操作。启动主驱动设置，并以一定的台面速度自动返回到顶部，当线网还有数毫米脱离硅片时，停止线网转动。上升过程中检查线网，以确保没有挂片。若出现硅片倒角处大量挂线而可能导致质量事故时，按紧急预案处理：夹线可能带有碎硅片，如果有夹线，可以降低工作台速度；仍然挂片的话，停止转动，剪断该线，直接提升工作台。剪线时应注意每次不能减得太多，拉出时观察不能有钢线打结现象，直至把挂线全部剪掉抽出，再提升工作台。如果钢线打滑，其现象为线网断续转动，此时应加速线网转动，高速度可以克服打滑，稳定后再把线网降速，同时提升工作台。若发现大量挂线现象，要立即停止工作台的上升，控制工作台下降使线网重新进入玻璃，从收线轴开始剪线网。

松开晶棒夹紧装置，在两人配合下小心取出晶棒，翻转晶棒时尽量同步，按顺序依次摆在小车上。因硅片较薄，移动时要慢一点。

4) 切割工艺的影响因素

(1) 环境要求。悬浮液具有很强的亲水性，空气湿度过大时，切割液的含水量会增加。浆料房要经常保持干燥，湿度控制在规定范围为宜。

(2) 碳化硅颗粒度要求。碳化硅的粒度分布为正态分布，颗粒度越集中，切割效果就越好，越能减少线痕的产生。

(3) 切割液(PEG)的黏度。在整个切割过程中，碳化硅微粉是悬浮在切割液上而通过钢线进行切割的，所以切割液主要起悬浮和冷却的作用。切割液的黏度是碳化硅微粉悬浮的重要保证。由于不同的机器开发设计的思维不同，因而对砂浆的黏度要求也不同，即切割液的黏度也有不同。另外，由于带着砂浆的钢线在切割硅料的过程中，会因为摩擦发生高温，所以切割液的黏度又对冷却起着重要作用。如果黏度不达标，就会导致切割液的流动性差，不能将温度降下来而造成灼伤片或者出现断线，因此切割液的黏度又确保了整个过程的温度控制。在切割过程中需要严格控制切割液的黏度。

(4) 砂浆的流量。钢线在高速运动中，要完成对硅料的切割，必须由砂浆泵将砂浆从储料箱中打到喷砂咀，再由喷砂咀喷到钢线上。砂浆的流量是否均匀、流量能否达到切割的要求，都对切割能力和切割效率起着很关键的作用。如果流量跟不上，就会出现切割能力严重下降，导致线痕片、断线，甚至是机器报警。

(5) 钢线的速度。由于线切割机可以根据用户的要求进行单向走线和双向走线，因而两种情况下对线速的要求也不同。单向走线时，钢线始终保持一个速度运行，相对来说这样比较容易控制。目前单向走线的操作越来越少，仅限于 MB 和 HCT 机器。双向走线时，钢线速度开始由零点沿一个方向用 2～3 s 的时间加速到规定速度，运行一段时间后，再沿原方向慢慢降低到零点，在零点停顿 0.2 s 后再慢慢地反向加速到规定的速度，再沿反方向慢慢降低到零点。在双向切割的过程中，线切割机的切割能力在一定范围内随着钢线速度的提高而提高，但不能低于或超过砂浆的切割能力。如果低于砂浆的切割能力，就会出现线痕片甚至断线；反之，如果超出砂浆的切割能力，就可能导致砂浆流量跟不上，从而出现厚薄片甚至线痕片等。故此，要将钢线的速度控制在一定的范围。

(6) 钢线的张力。钢线的张力是硅片切割工艺中的核心要素之一。张力控制得不好是产生线痕片、崩边，甚至断线的重要原因。钢线的张力过小，将会导致钢线弯曲度增大，带砂能力下降，切割能力降低，从而出现线痕片等；钢线的张力过大，悬浮在钢线上的碳化硅微粉就会难以进入锯缝，切割效率降低，出现线痕片等，并且断线的概率很大。故此，钢线的张力要适当。

(7) 工件的进给速度。工件的进给速度与钢线速度、砂浆的切割能力以及工件形状在进给的不同位置等有关。工件进给速度在整个切割过程中，是由以上的相关因素决定的，也是最无法定量的一个要素，若控制得不好，也可能出现线痕片等，影响切割质量和成品率。

(8) 切割线直径。更细的切割线意味着更低的截口损失，也就是说同一个硅块可以生产更多的硅片。切割线越细越容易断裂。然而，使用更粗更牢固的切割线也并不可取，这会减少每次切割所生成的硅片数量，并增加硅原料的消耗量。

(9) 硅片厚度。厚度也是影响生产力的一个因素，因为它关系到每个硅块所生产出的硅片数量。超薄的硅片给线锯技术提出了额外的挑战，因为其生产过程要困难得多。除了硅片的机械脆性以外，如果线锯工艺没有精密控制，细微的裂纹和弯曲都会对产品的良品率产生负面影响。超薄硅片线锯系统必须可以对工艺线性、切割线速度和压力以及切割冷却液进行精密控制；超厚的硅片则浪费材料。无论硅片的厚薄，晶体硅光伏电池工艺都对硅片的质量提出了极高的要求。硅片不能有表面损伤(细微裂纹、线锯印记)，形貌缺陷(弯曲、凹凸、厚薄不均)要最小化，对额外的后端处理如抛光等的要求也要降到最低。

在光伏领域，线锯技术的进步减小了硅片厚度并降低了切割过程中的材料损耗，从而减少了太阳能电力的硅材料消耗量。目前，原材料几乎占了晶体硅太阳能电池成本的三分之一，因此，线锯技术对于降低太阳能每瓦成本并最终促使其达到电网平价起到了至关重要的作用。最新最先进的线锯技术带来了很多创新，提高了生产力。

5．清洗

1) 脱胶

脱胶是清洗工艺与切片工艺交接的第一道工序。首先需核对碎片数目及异常情况，确认工艺单已填写完整，完成与线切的交接。

线切割下硅棒以后，将抽屉中的碎片分类，碎片放在工装小车的侧面，良片和大于 1/2 的碎片放在工件板上，清洗车间的人员核对之后，将良片和大于 1/2 的碎片放进工装内进行预清洗脱胶。

填写硅棒辨别单，写明硅棒的晶体编号和长度，放在对应的工件板上。从盒中取出切好的硅棒，将硅棒移至预清洗装置，并推入预清洗装置中。检查水压及预清洗设备底下是否垫有海棉，将喷水位置调至硅棒与工件板粘接处，开始预清洗，如图 3-15 所示，同时清洗硅棒的碎片。

图 3-15　脱胶预清洗

冲洗过程中，如有掉片现象，及时将掉片取出；碎片放进碎片盒，完整的硅片放入柠檬酸槽。

冲洗完成后，用手轻轻测试硅片是否摇晃。如硅片摇晃，直接在预清洗装置中脱胶。预清洗后，双手交叉，将硅棒从预清洗台中取出并在水箱中翻转。随后，送往脱胶台。途中，硅棒需水平放置，且两手的大拇指轻靠硅片，防止硅片倾倒。

将硅棒放入温水脱胶槽中，按规定间隔用不锈钢条隔开，避免硅片倒下，如图 3-16 所示。用百洁布擦拭硅片表面的树脂条。需等硅片自然倒下时方可脱胶，但不能用手去推，以防止硅片崩边。脱胶时，每次取不得超过 50 mm 的硅片放在毛巾上，翻转至胶水面，用百洁布擦掉硅片表面的胶水。完整的硅片放在柠檬酸槽中，碎片放在碎片盒中。将硅棒辨别单对应相应的硅片，放在柠檬酸槽中。将脱胶槽中的不锈钢条和工件板取出，放回指定位置，毛巾和百洁布也放置整齐。

图 3-16　脱胶中的硅片

按要求填写好工艺单，放在小车上，然后将小车送至插片台。

2）插片

插片工艺分为手动插片和自动插片。

（1）手动插片。按照工艺要求着装，将空的硅片盒整齐摆放在插片台；检查设备进水阀门是否打开，然后放水，将水位保持在硅片盒高度，如图 3-17 所示；核对硅棒辨别单与工艺单的晶体编号；取片、插片，抽取硅片时需用大拇指推出，向下插入时应垂直将硅片插入，如图 3-18 所示。

图 3-17　水位高度示意图

图 3-18　插片操作过程图

插片过程中，片盒需摆放整齐，将碎片盒中大于 1/2 的碎片取出，将相对完整的一面插入片盒中，插完后清点数量，填写工艺单，交由清洗人员核实，最后将小车推至脱胶台。

(2) 自动插片。先从柠檬酸槽中取出适量硅片，放入自动插片机水槽中，双手将片盒插入插片机卡槽中，打开插片机上的水阀，调节水量大小，如图 3-19 所示，调整喷嘴位置，使其对准硅片，硅片与滑板之间应保持一定角度，如图 3-20 所示，以便硅片顺利滑入片盒，将碎片盒中大于 1/2 的碎片取出，将相对完整的一面插入片盒中。

图 3-19　调节水量　　　　　　　　　　　图 3-20　硅片与滑板的角度

插完后清点数量，填写工艺单，交由清洗人员核实，最后将小车推至脱胶台。

3) 清洗

清洗前检查机台，设计好清洗工艺参数，严格按照工艺配方加好药水，并运行几分钟，将温度加热到位，溢流槽阀门打开到相关位置。如图 3-21 所示为 7 槽超声波清洗机。

(1) 取片：到插片槽取片，注意轻拿轻放，再平稳地运送到清洗机上料口。

(2) 上料：将清洗篮轻、稳、准地放置到上料台，并定好位，按下上料按钮，几分钟后准备下一篮。

(3) 看机：密切监控整个清洗过程，及时发现异常情况，并关注超声波发生器是否正常运行。柠檬酸槽液不足时注意补液，溢流槽洗片时注意保持溢流。

(4) 出片：清洗完毕后，取出硅片送至甩干处进行甩干。

清洗机不洗片时，注意关闭溢流槽电脑补水开关；手推车停放在指定位置且摆放整齐；空清洗篮放在指定位置。

图 3-21　7 槽超声波清洗机

4) 甩干

将片盒按对角线放入甩干机，放入和取出时，两手必须是外八字形，如图 3-22 所示，以免手背碰撞邻近硅片。片盒放置完毕后，关门，开始甩干。

甩干完毕，机器的蜂鸣声结束后，开门将硅片取出，放在成品运输车上，排列整齐，如图 3-23 所示。

图 3-22　放入和取出片盒　　　　　　　图 3-23　排列整齐的片盒

清点硅片数量，填写工艺单，送往检验车间，由检验人员核对后完成清洗，最后将硅片运输车放至甩干机附近。

6．检测

(1) 准备工作。将分拣用品整齐摆放于台面待用，穿好防护服，做好检片前准备工作。

(2) 检查。检查随工单所填写数量与实际收片数量是否相符合，区分随工单的标识，注意检验标准，检验前工序是否填写正确等。

(3) 取片。观察晶片篮中的片子是否有漏插或双插现象，防止多片、少片，不能弄碎硅片，取完片后将晶片篮整齐摆放在地上。

(4) 检片。硅片取出后，首先观察硅片外观是否有异常现象，接着测试硅片厚度与随工单所填写的是否相符，然后按照标准分检，分类放好。检测标准必须依据品质管理的最新标准，检片环节则应特别注意控制多片、少片的产生。

分检完毕，填写随工单，良品数与不良品数要计算准确后再填写。做好标识，在扎硅片的纸条上或用标签标识规格、厚度、种类、机台号、刀次、安装位置等信息，避免 FQC(产品质量检查员)在抽检过程中产生混片。最后，送入品质管理部。

7．包装

(1) 确认数量。认真清点位数，确保一盒的片数，注意多片、少片的问题，并确认片子的规格厚度、电阻率等方面的标识，防止片子混乱。

(2) 打印标签。注意好片子的物料编码、批次号、电阻率等不能打错。

(3) 放片。把硅片放在传送带正中央，以免硅片卡住而无法传送，造成崩边、缺角、碎片等问题。一旦卡住，就要按紧急按钮，快速解决。

(4) 接片。接片时轻拿轻放，并检查已包装好的硅片是否有崩边、缺角，薄膜是否完好，是否有杂物在内，并把包装好的硅片中的标签与合格证一一对应好并放于一盒。

(5) 封盒。品质管理员检测确认后，把硅片码紧，盖好盒子，贴好合格证，再用胶带封好、封牢。

(6) 放箱、封箱。把已封好的硅片盒放入箱中，同一规格、同一种类、同一电阻率的放于一箱。放满一箱后，写上等级标签，把相应的规格、锭号、硅块号、日期、班次、数量、包装信息、电阻率等写在等级标签上，标明硅片的种类。品质管理员确认后，用胶带把箱子封好、封牢，把等级标签贴在外箱上。

(7) 不良品的包装。不良品采用的是最原始的手法，即手工包装。需要注意的是，要把硅片包装整齐，品质管理员确认后封好盒子，贴好标签，放箱时写好等级标签。把规格、不良种类、日期、部门班次、数量、判断状态写好，品质管理员再次确认后，封箱。

习　题　三

一、选择题

1. (　　)为世界上第二丰富的元素，占地壳含量的四分之一。
    A. 氧　　　　　　　B. 氮　　　　　　　C. 硅　　　　　　　D. 铁

2. 晶态硅的熔点为(　　)。
    A. 1414℃　　　　B. 1800℃　　　　C. 2500℃　　　　D. 800℃

3. 晶态硅的沸点为(　　)。
    A. 1414℃　　　　B. 2355℃　　　　C. 2500℃　　　　D. 800℃

4. (　　)气体通常与空气接触会引起燃烧并放出很浓的白色的无定型二氧化硅烟雾。
    A. 氮气　　　　　B. 硅烷　　　　　C. 甲烷　　　　　D. 丙烷

5. 硅烷分解为(　　)反应。
    A. 放热　　　　　B. 吸热　　　　　C. 物理　　　　　D. 降解

6. 区熔单晶硅是利用(　　)的方法制备的。
    A. 浇注　　　　　　　　　　　B. 悬浮区域熔炼
    C. 磁控溅射　　　　　　　　　D. 冶炼

7. 用 H_2SO_4 溶液和 H_2O_2 溶液按比例配成(　　)溶液。
    A. HPM　　　　　B. DHF　　　　　C. SPM　　　　　D. APM

二、简答题

1. 简述籽晶定向的三种方法。
2. 简述三氯氢硅还原的影响因素。
3. 简述热交换法生产多晶硅的制备工艺流程。
4. 列举硅烷的提纯方法。
5. 简述直拉单晶硅的制备工艺流程。
6. 简述硅片加工过程。
7. 简述单晶硅切片切割工艺过程。
8. 简述多晶硅切片切割工艺过程。
9. 简述单晶硅切割工艺的影响因素。
10. 简述多晶硅切割工艺的影响因素。

第四章 晶硅电池的发电原理与工艺流程

本章按照生产车间的工艺顺序，介绍晶硅电池的发电原理与生产工艺流程，主要内容有晶硅电池的生产工艺流程和电池结构及晶硅电池的工业化生产流程，重点介绍硅片清洗与制绒、磷扩散、去 PSG、刻蚀周边、镀减反射膜、丝网印刷电极、快速烧结与检测分级等。

第一节 晶硅电池生产工艺流程与电池结构

一、晶体硅生产工艺流程简介

制作太阳能电池的工艺不尽相同，可以简单分为实验室高效晶硅太阳能电池工艺和工业生产晶硅太阳能电池工艺。相对于实验室高效晶硅太阳能电池工艺，工业生产晶硅太阳能电池工艺步骤简化，工艺简单，成本低廉，虽然制成的太阳能电池效率相对较低，但是适合商业化大规模生产。晶硅太阳能电池生产的典型工艺流程如图 4-1 所示。

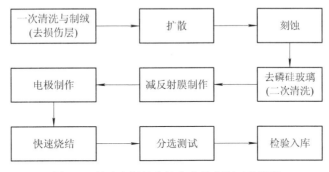

图 4-1 晶硅太阳能电池生产的典型工艺流程

晶硅太阳能电池的制作主要分为七个步骤：

(1) 将硅片进行清洗、制绒，在制绒的过程中去除硅片表面的损伤层。

(2) 通过扩散在硅片上形成与基底导电类型相反的掺杂层，构成 PN 结。

(3) 通过刻蚀去除扩散工序中在硅片边缘形成的短路区域。

(4) 进行二次清洗，去除扩散工序中在硅片表面形成的磷硅玻璃。

(5) 在硅片的受光面上制作减反射膜。

(6) 制作电极，形成电能输出的正、负电极引线。

(7) 在经过最后一道丝网印刷后对硅片进行快速烧结，实现表面金属化。

在完成太阳能电池的制作工序之后，需要对太阳能电池进行评价，一方面要对太阳能电池进行测试分选，为了保证产品质量的一致性，通常要对每个电池进行测试，并按电流和功率大小进行分类，根据电池效率进行分档；另一方面对太阳能电池进行外观检验，根据外观再次进行分档。最后将太阳能电池封存入库。

二、 晶硅太阳能电池的结构

晶硅太阳能电池的基底是 P 型或者 N 型。P 型单晶硅太阳能电池的典型结构见图 4-2。在 P 型晶体硅片前表面存在绒面结构，又称表面织构化，这是为了减弱反射效果，更好地吸收和利用太阳光线。单晶硅太阳能电池的绒面结构是金字塔形的；多晶硅太阳能电池的绒面结构则是由腐蚀坑构成的。在绒面结构内表面有一层 N 型半导体层，P 型基底和 N 型半导体层间形成了 PN 结；在绒面结构外表面是减反射层，在减反射层上是呈梳齿状的电极，作为正面负电极引线；在晶体硅片背表面有另外一层 P 型半导体层，该层的杂质浓度比基底高很多，两者之间形成 PP⁺结(又称为背面场)，可以减少少数载流子在背面复合的概率；在 PP⁺结表面有金属接触层，作为背面正电极引线。

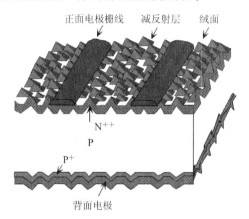

图 4-2　P 型晶硅太阳能电池的典型结构示意图

N 型单晶硅太阳能电池的典型结构见图 4-3，其结构和 P 型单晶硅太阳能电池类似，只是将 P 型和 N 型进行了置换，因为导电类型发生了置换，所以此时的正面电极为负电极，背面电极为正电极。

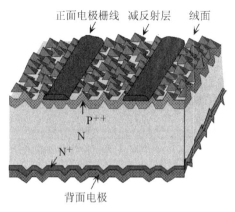

图 4-3　N 型晶硅太阳能电池的典型结构示意图

第二节 晶硅电池工业化生产工艺流程

晶硅电池工业化生产工艺流程如下：

1. 清洗

清洗的目的是去除硅片表面的机械损伤层，并对硅片的表面进行凹凸面处理，增加光在太阳能电池片表面的折射次数，利于太阳能电池片对光的吸收，以达到电池片对太阳能价值的最大利用。另外，清洗中还要清除硅片表面硅酸钠、氧化物、油污以及金属离子杂质。

清洗工序中要使用各种化学清洗剂，其中，HF用以去除硅片表面氧化层，其化学反应式为 $SiO_2 + 6HF = H_2SiF_6 + 2H_2O$。

HCl 用以去除硅片表面金属杂质。盐酸具有酸和络合剂的双重作用，氯离子能溶解硅片表面沾污的杂质，如铝、镁等活泼金属及其他氧化物，但不能溶解铜、银、金等不活泼的金属以及二氧化硅等难溶物质。

此外，还有一些常用的化学清洗剂，如高纯水、硫酸、王水、硝酸、酸性和碱性过氧化氢溶液、高纯中性洗涤剂等。

安全提示：HCl、HF都是强腐蚀性的化学药品，其固体颗粒、溶液、蒸汽会伤害到人的皮肤、眼睛、呼吸道，所以操作人员要按照规定穿戴防护服、防护面具、防护眼镜、长袖胶皮手套。一旦有化学试剂沾染上了人的身体，马上用纯水冲洗30分钟，然后送医院就医。

2. 制绒

制绒的目的是在硅片的外表面形成绒面结构，以减少光反射，提高短路电流(I_{sc})，最终提高电池的光电转换效率。

(1) 单晶硅制绒的原理。对于单晶硅片，利用低浓度碱溶液对晶体硅在不同晶体取向上具有不同腐蚀速率的各向异性腐蚀特性，在硅片表面腐蚀形成角锥体密布的表面形貌，称为表面织构化，如图4-4所示，单晶硅绒面结构可降低反射率。其反应式为

$$Si + 2NaOH + H_2O \rightarrow Na_2SiO_3 + 2H_2 \uparrow$$

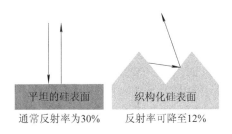

通常反射率为30%   反射率可降至12%

图4-4 单晶硅绒面结构可降低反射率

(2) 多晶硅制绒的原理。由于多晶硅基底的各向异性，无序织构化过程在多晶硅表面并不是很有效。这是由于多晶硅的表面是多重取向的。因此利用酸溶液对硅片的各向同性腐蚀特性，在硅片表面腐蚀形成腐蚀坑的表面形貌，如图4-5所示。其反应式为

$$3Si + 4HNO_3 + 18HF \rightarrow 3H_2[SiF_6] + 4NO + 8H_2O$$

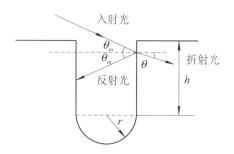

图 4-5　多晶硅绒面结构示意图

3. 扩散

扩散的目的是在 P 型晶体硅上进行 N 型扩散，形成 PN 结。PN 结是半导体器件工作的"心脏"。

1) 扩散方法

(1) 三氯氧磷(POCl₃)液态源扩散。

(2) 喷涂磷酸水溶液后链式扩散。

(3) 丝网印刷磷浆料后链式扩散。

2) POCl₃ 扩散原理

(1) POCl₃ 在高温下(>600℃)分解生成五氯化磷(PCl₅)和五氧化二磷(P₂O₅)，其反应式如下：

$$5POCl_3 \xrightarrow{600℃} 3PCl_5 + P_2O_5$$

(2) 生成的 P₂O₅ 在扩散温度下与硅反应，生成二氧化硅(SiO₂)和磷原子，其反应式为

$$2P_2O_5 + 5Si = 5SiO_2 + 4P \downarrow$$

(3) 由上面的反应式可以看出，POCl₃ 热分解时，如果没有外来的氧(O₂)参与，其分解是不充分的，生成的 PCl₅ 不易分解，并且对硅有腐蚀作用，破坏硅片的表面状态。但在有外来 O₂ 存在的情况下，PCl₅ 会进一步分解成 P₂O₅ 并放出氯气(Cl₂)。其反应式为

$$4PCl_5 + 5O_2 \xrightarrow{过量 O_2} 2P_2O_5 + 10Cl_2$$

(4) 生成的 P₂O₅ 又进一步与硅作用，生成 SiO₂ 和磷原子。

由此可见，在磷扩散时，为了促使 POCl₃ 充分分解和避免 PCl₅ 对硅片表面的腐蚀作用，必须在通氮气的同时通入一定流量的氧气。

在有氧气存在时，POCl₃ 热分解的反应式为

$$4POCl_3 + 5O_2 \rightarrow 2P2O_5 + 6Cl_2$$

POCl₃ 分解产生的 P₂O₅ 淀积在硅片表面，P₂O₅ 与硅反应生成 SiO₂ 和磷原子，并在硅片表面形成一层含 P₂O₅ 的 SiO₂(磷硅玻璃)，然后磷原子再向硅中扩散。

4) 影响扩散的因素

(1) 管内气体中杂质源浓度的大小决定着硅片 N 型区域磷浓度的大小。

(2) 表面的杂质源达到一定程度时，对 N 型区域的磷浓度的改变影响不大。

(3) 扩散温度和扩散时间对扩散结深影响较大。

(4) N 型区域磷浓度和扩散结深共同决定着方块电阻的大小。

安全提示: 所有的石英器具都必须轻拿轻放。源瓶更换的标准操作过程是,依次关闭进气阀门、出气阀门,拔出连接管道,更换源瓶,连接管道,打开出气阀门、进气阀门。

4. 刻蚀

刻蚀的目的是去除硅片周边的 N 型层,防止短路。常用的刻蚀方法有等离子体刻蚀、湿法刻蚀、激光刻蚀等。

等离子体刻蚀是采用高频辉光放电反应,使反应气体激活成为活性粒子,如原子或游离基,这些活性粒子扩散到需刻蚀的部位,在那里与被刻蚀材料进行反应,形成挥发性生成物而被去除。其优势在于快速的刻蚀速度,同时可获得良好的物理形貌。

(1) 母体分子 CF_4 在高能量的电子的碰撞作用下分解成多种中性基团或离子。

(2) 这些活性粒子由于扩散或者在电场作用下到达 SiO_2 表面,并在表面发生化学反应。

(3) 生产过程中,在 CF_4 中掺入 O_2,有利于提高 Si 和 SiO_2 的刻蚀速度。

影响刻蚀的因素有刻蚀时间和射频功率。

5. 去磷硅玻璃(二次清洗)

1) 去磷硅玻璃的目的

扩散工艺会在硅片表面形成一层含有磷元素的 SiO_2,称之为磷硅玻璃(PSG)。它会阻止光吸收,同时又是绝缘的。工艺上采用 HF 酸腐蚀的方法去除 PSG。为了使硅片在去 PSG 之后保证表面的洁净,在不大幅增加生产成本的基础上可有选择地加入其他清洗步骤,因为在制绒的时候存在一个清洗过程,所以这整个过程也被称为二次清洗。

2) 去磷硅玻璃的原理

(1) 氢氟酸能够溶解二氧化硅是因为氢氟酸能与二氧化硅作用生成易挥发的四氟化硅气体。其反应式为

$$SiO_2 + 4HF \rightarrow SiF_4 \uparrow + 2H_2O$$

(2) 若氢氟酸过量,反应生成的四氟化硅会进一步与氢氟酸反应生成可溶性的络合物六氟硅酸。其反应式为

$$SiF_4 + 2HF = H_2[SiF_6]$$

上述过程的总反应式为

$$SiO_2 + 6HF = H_2[SiF_6] + 2H_2O$$

安全提示:

(1) 在配制氢氟酸溶液时,要穿好防护服,戴好防护手套和防毒面具。

(2) 不得用手直接接触硅片和承载盒。

(3) 当硅片在 1 号槽氢氟酸溶液中时,不得打开照明设备,防止硅片被染色。

(4) 硅片在两个槽中的停留时间不得超过设定时间,防止硅片被氧化。

6. PECVD 镀减反射膜

减反射的目的是通过调整薄膜厚度及折射率,使得两次反射产生相消干涉,即使光程差为 1/2 波长,这就要求薄膜的厚度应该是 1/4 波长的光程。

镀减反射膜,采用 PECVD。PECVD (Plasma Enhanced Chemical Vapor Deposition)即"等离子增强型化学气相沉积",是一种化学气相沉积,其他的方法有 HWCVD、LPCVD、MOCVD 等。

PECVD 借助微波或射频等使含有薄膜组成原子的气体电离, 在局部形成等离子体, 而等离子的化学活性很强, 很容易发生反应, 并在基片上沉积出所期望的薄膜。

PECVD 的种类有直接式和间接式两种。

(1) 直接式。基片位于一个电极上, 如图 4-6 所示, 直接接触等离子体(低频放电 10～500 kHz 或高频 13.56 MHz)。

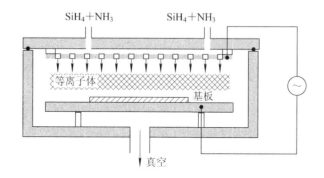

图 4-6　直接式的 PECVD

(2) 间接式。基片不接触激发电极, 如图 4-7 所示, 如 2.45 GHz 微波激发等离子体。

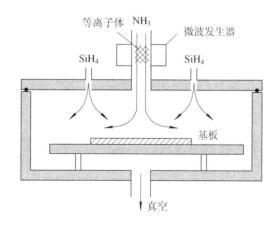

图 4-7　间接式的 PECVD

PECVD 氮化硅膜的钝化技术为氢钝化技术, 该技术可钝化硅体内的悬挂键等缺陷。在晶体生长中受应力等影响造成的缺陷越多的硅材料, 氢钝化的效果越好。氢钝化可采用离子注入或等离子体处理。在晶体硅太阳能电池表面采用 PECVD 法镀氮化硅减反射膜时, 由于硅烷分解时产生氢离子, 对晶体硅电池可产生氢钝化的效果。 应用 PECVD 镀 Si_3N_4 可使表面复合速度小于 20 cm/s。

7. 印刷电极

印刷电极的目的是:

(1) 印刷正面电极使金属电极与光伏电池形成良好的欧姆接触, 最大限度地收集光生载流子(自由电子)。

(2) 印刷背面场, 形成的铝硅合金可提高光伏电池的转换效率。

(3) 印刷背面电极使金属电极与光伏电池形成良好的欧姆接触, 最大限度地收集光生载流子(空穴)。

印刷电极采用丝网印刷工艺。丝网印刷是把带有图像或图案的模板附着在丝网上进行印刷的。丝网通常由尼龙、聚酯、丝绸或金属网制作而成。光伏电池片的丝网印刷实际上是利用浆料进行印刷制作电极的。

电池片丝网印刷有三个步骤：

(1) 背面电极印刷及烘干，如图4-8所示，采用的浆料是Ag/Al浆。

(2) 背面电场印刷及烘干，采用的浆料是Al浆。

(3) 正面电极印刷及烘干，如图4-9所示，采用的浆料是Ag浆。

图4-8　背面电极　　　　　　　　　图4-9　正面电极

8. 烧结

烧结的目的是燃尽干燥硅片上浆料的有机组分，使浆料和硅片形成良好的欧姆接触。

烧结过程对电池片会产生不同的影响，其中主要影响为：

(1) 相对于铝浆烧结，银浆的烧结要重要很多，其对电池片电性能的影响主要表现在串联电阻和并联电阻上，即FF的变化上。

(2) 烧结使浆料中的有机溶剂得以完全挥发，并形成了完好的铝硅合金和铝层。但烧结局部的不均和散热不均可能会导致起包，严重的会起铝珠。

(3) 背面场经烧结后形成铝硅合金，铝在硅中是作为P型掺杂的，它可以减少金属与硅交接处的少子复合，从而提高开路电压和短路电流，改善对红外线的响应。

安全提示：

(1) 灼热的表面有烫伤的危险。

(2) 危险电压有电击或烧伤的危险。

(3) 有害或刺激性粉尘、气体可导致人身伤害。

(4) 设备运转时打开或移动固定件有卷入的危险。

9. 分选测试

分选测试按以下过程进行：

(1) 将设备的光强校准，用标准片校正模拟器取样I_{sc}、电压修正系数，以保证分选电性能的一致性。

(2) 将待测电池片放置在测试平台上进行测试，注意接触电池片时应佩戴橡胶指套(及时更换已弄脏和沾上油污的橡胶指套)，电池片与测试平台的定位装置应对齐。

(3) 将电池片按测试值及分选要求(电流或功率)进行分类。

(4) 重复以上步骤直至所有待测电池片分选完毕。

(5) 对分选完毕的电池片的正反面进行外观检查,按电池片相关规范进行等级(A、B)划分,然后按要求的数量进行封包(裁剪包装塑料收缩膜长度为 20 ± 1 cm、收缩机温度为150℃ ±5℃,合理调整收缩机带速,以保证包装安全和外观的美观)。

(6) 将封包完毕的电池片立即放入珍珠棉盒子内进行保管,并做好相关记录。

(7) 测试完毕后,将分选仪关闭。

(8) 每 2 小时由当班组长用标准片对测试仪进行校准并做好相应记录。

(9) 对当班进入分选测试的丝印合格片、分选的人为碎片、包装电池片数量和当班库存电池片数量进行记录,并及时更新相应的电子表格数据。

习　题　四

选择题(不定项)

1. 原始硅片的电阻率测量电流为(　　)。

A. 1.540 mA　　　B. 1.840 mA　　　C. 1.040 mA　　　D. 2.540 mA

2. 影响扩散方块电阻的因素有(　　)。

A. 扩散源量　　　B. 扩散时间　　　C. 扩散温度　　　D. 大 N_2 量

3. 影响扩散后硅片电阻测量精度的因素有(　　)。

A. 光照　　　　　B. 温度　　　　　C. 高频干扰　　　D. 湿度

4. 扩散正常运行工艺时,舟不能自动进出,原因是(　　)。

A. 面板上的"急停"按钮按下去了

B. 限位开关未复位或损坏

C. 保险丝烧断,由设备换保险(1 A)

D. 操作面板上按了"已保持"

5. 扩散炉清洗好石英管后,温度无法升上来,原因是(　　)。

A. 炉下保险丝烧坏

B. 可控硅烧坏

C. 温控坏

D. 热电偶短路

6. 换 $POCL_3$ 或 TCA 时,由于误操作,将软管接反,源倒流,应该(　　)。

A. 立即关闭小 N_2,把软管卸下,用带有酒精的抹布擦拭

B. 联系工艺部更换软管

C. 将 O_2 开至 20000,因为 O_2 是起分解作用的,可将管中残源分解

D. 正确装好,再做鼓泡实验

第五章　光　伏　组　件

　　光伏组件是通过将太阳能电池片进行分选、单焊、串焊，然后将它们敷设、层压，再封装而成的。目前大多数电力系统的光伏组件中的太阳能电池是单晶或多晶硅太阳能电池，而小型电子产品中的电池组件大多数是非晶硅太阳能电池。根据用户对功率和电压的不同要求，可将太阳能电池组件单个使用，也可将数个太阳能电池组件串联和并联，形成供电方阵，提供更大的电功率，以满足用户对于不同电压和电流的要求。

　　本章主要介绍光伏组件的结构和特性、类型、设计、工艺及其认证。

第一节　　光伏组件的结构和特性

　　太阳能电池方阵由多个太阳能电池组件串联或者并联构成，而太阳能电池组件又是由许多个太阳能电池串联而成的。这样做的原因是，第一，单个太阳能电池提供的电流和电压有限；第二，太阳能电池本身易破碎、易被腐蚀，若直接暴露在大气中，光电转化效率会由于潮湿、灰尘、酸雨等的影响而下降，以至损坏失效。因此，太阳能电池串联后通过胶封、层压等方式封装成平板式构造组件才能投入使用。

　　将太阳能电池芯片经过串、并联组成的电池系统加以严密封装，接出外连电线，达到一定的额定输出功率和输出电压的一组光伏电池，就称为光伏组件，如图 5-1 所示。

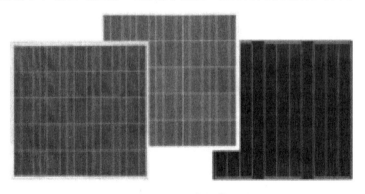

图 5-1　光伏组件

　　组件的封装方法中以层压封装的方法用得最为普遍，即将太阳能电池片的正面和背面各用一层透明、耐老化、黏结性好的热熔性 EVA 胶膜包封，采用透过率高、耐冲击的低铁钢化玻璃作为上盖板，用耐湿抗酸的 Tedlar 复合薄膜或玻璃等其他材料作为背板，通过真空层压工艺使 EVA 胶膜将电池片、上盖板和下盖板黏合为一个整体，从而构成一个实用的光伏组件。

一、光伏组件的结构

太阳能光伏组件主要由太阳能电池芯片、上盖板(主要为低铁钢化玻璃)、EVA、下盖板(TPT、TPE、钢化玻璃等)、边框和接线盒等材料组成。其结构示意图如图 5-2 所示。

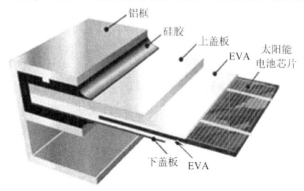

图 5-2　光伏组件的结构示意图

太阳能电池芯片是光伏组件的核心部分,是光伏组件的发电单元。由于太阳能电池芯片易碎、易氧化,以及单个太阳能电池芯片的发电量有限,所以要将太阳能电池片串联并封装起来形成组件。现在大部分组件的发电单元还是以晶硅电池为主的,其比例在 90% 以上。

上盖板是光伏组件朝向太阳光的一面,因为所有进入组件的太阳光都要通过上盖板,所以上盖板的透光性能要求非常高。大部分组件的上盖板都采用低铁钢化玻璃,且为了减少太阳光的反射,玻璃表面还加工成压花布纹,其透光率在 91% 以上,这种组件叫做表面衬底型组件。但是有些光伏组件的上盖板采用其他透明材料,例如柔性非晶硅太阳能电池的上盖板就是透光性树脂,这种组件叫做背面衬底型组件。

EVA 是光伏组件中非常重要的一个部件,它是乙烯—乙酸乙烯酯共聚物,由乙烯(E)和乙酸乙烯(VA)共聚而制得。EVA 是一种热熔胶膜,在常温下是一种固体,当 EVA 加热到一定温度后,它会变成熔体,可黏接同种或者不同种材料。EVA 的主要作用是胶粘、密封和抗紫外老化。在组件加工时,在电池芯片的上面和下面都需要放置一层 EVA 材料。

光伏组件的下盖板的材料有多种,包括 TPT、TPE、钢化玻璃、不锈钢材料等。例如,常规组件的下盖板材料是 TPT 或者 TPE,双玻组件的下盖板材料是钢化玻璃,柔性非晶硅组件的下盖板材料是不锈钢。下盖板材料主要起保护和支撑作用,具有可靠的绝缘性、阻水性、防老化性等。

光伏组件边框一般都采用铝材制作而成,这种铝材是经过耐酸处理的,其主要作用是保护和支撑光伏组件,便于系统安装。在铝材的长边框架上都打有 3～4 个 $\phi6.0$～$\phi9.7$ mm 的安装孔,此外,还有 1 个 $\phi4.0$～$\phi6.5$ mm 的接地孔。

光伏组件接线盒是介于光伏组件构成的组件方阵和太阳能充电控制装置之间的连接器,集电气、机械装置及相关材料于一体。接线盒在光伏组件的组成中非常重要,主要作用是将太阳能电池产生的电力与外部线路相连接。接线盒通过硅胶与组件的下盖板粘在一起,组件内的引出线通过接线盒内的内部线路连接在一起,内部线路与外部线缆连接在一起,使组件与外部线缆导通。接线盒内有二极管,以保证组件的电池芯片在被遮挡时能正常工作。

二、光伏组件的特性

1. 光伏组件的 $I-U$ 特性

由于太阳能电池组件的输出功率取决于太阳光照强度、太阳能光谱的分布和太阳能电池的温度、阴影、晶体结构等。因此太阳能电池组件的测量在标准条件下(STC)进行。其标准测试条件是:

(1) 光谱辐照度为 1000 W/m^2;

(2) 光谱为 AM1.5;

(3) 电池温度为 25℃。

如前所述,大气质量指大气对地球表面接收太阳光的影响程度。大气质量为零时定义为 AM 0,是指在地球外空间接收太阳光的情况,适用于人造卫星和宇宙飞船等。大气质量为 1 时定义为 AM 1,是指太阳光直接垂直照射到地球表面的情况。相当于晴朗夏日在海平面上所承受的太阳光。这两者的区别在于大气对太阳光的衰减,主要包括臭氧层对紫外线的吸收、水蒸气对红外线的吸收以及大气中尘埃和悬浮物的散射等。

在太阳光入射角与地面夹角成 θ 时,大气质量为 AM = 1/cosθ。

当 θ = 48.2° 时,大气质量定义为 AM 1.5,是指典型晴天时太阳光照射到一般地面的情况,图 5-3 为 AM 0 和 AM 1.5 的光谱图,AM 0、AM 1 和 AM 1.5 的示意图如图 5-4 所示。

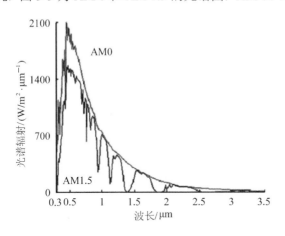

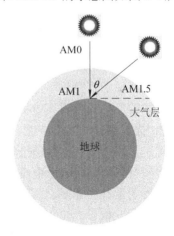

图 5-3　AM0 和 AM1.5 的光谱图　　　　图 5-4　AM0、AM1 和 AM1.5 的示意图

在标准测试条件下,光伏组件所输出的最大功率被称为峰值功率,其表示单位为峰瓦(Wp)。在很多情况下,组件的峰值功率常用太阳模拟器测定并和国际认证机构的标准化的太阳能电池进行比较。在户外测试光伏组件的峰值功率是很困难的,因为光伏组件所接收的太阳光谱取决于大气条件及太阳的位置。此外,在测量的过程中,太阳能电池的温度和光强(光照强度)也是不断在变化的。在户外测量的误差很容易达到 10% 或更大。

光伏组件是将太阳能转换成电能的器件,它产生直流电,其输出电流—电压的特性曲线如图 5-5 所示,称为光伏组件的 $I-U$ 特性曲线。其性能参数主要有最大输出功率(P_m)、开路电压(U_{oc})、短路电流(I_{sc})、最大输出工作电压(U_m)、最大输出工作电流(I_m)、填充因子(FF)。

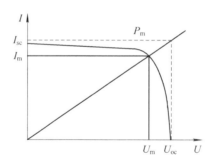

图 5-5　光伏组件的 I-V 特性曲线

(1) 开路电压(U_{oc})。图中横坐标上所示的电压 U_{oc} 称为组件的开路电压，即光伏组件的正、负极之间未被连接的状态，也就是开路时组件的电压。

(2) 短路电流(I_{sc})。光伏组件的正、负极之间用导线直接连接，正、负极短接情况下的电流即短路电流。光伏组件的短路电流随光强的变化而变化。

(3) 填充因子(FF)。填充因子为图中长方形面积($P_m = V_m \times I_m$)与虚线部分的长方形面积($U_{oc} \times I_{sc}$)的比值，即

$$FF = \frac{U_m \times I_m}{U_{oc} \times I_{oc}}$$

填充因子是一个无单位的量，是衡量光伏组件性能的一个重要指标。一般地，光伏组件的填充因子在 0.5～0.8 之间。

光伏组件的转换效率表示照射在组件表面的太阳能转换成电能的比例大小，即

$$转换效率 = \frac{光伏组件输出能量}{入射的太阳能量} \times 100\%$$

光伏组件的转换效率是衡量光伏组件性能的另一个重要指标。对于同一块组件来说，系统负载的变化会影响其功率输出，导致组件的转换效率发生变化。

2. 光伏组件的温度特性

温度是影响光伏组件输出特性的一个重要因素，当组件表面温度上升时，光伏组件的输出电压会下降，而输出电流会随温度上升有少许上升。光伏组件的输出功率会随着组件表面温度的上升而下降，呈现负的温度特性。在温度较高的季节，由于光伏组件表面的温度要高于标准状态下的 25℃，所以其输出功率比标准状态下的输出功率要低。

晶体硅光伏组件的典型开路电压温度系数为-0.35%/℃，即光伏组件的表面温度每上升 1℃，其输出电压下降 0.35%；短路电流温度系数为 0.05%/℃，即光伏组件的表面温度每上升 1℃，其输出电流上升 0.05%；功率温度系数为-0.45%/℃，即光伏组件的表面温度每上升 1℃，其输出功率下降 0.45%。因此使组件上下方的空气流动非常重要，因为这样可以将热量带走，避免太阳能电池温度升高。例如一个标称 100 W 的标准组件，当温度达到 45℃时，其输出功率只有 91 W。图 5-6 为光伏组件的温度特性曲线。

表 5-1 为 185 Wp 标准组件在 25℃、50℃、75℃三种温度下的输出特性参数(光谱分布为 AM1.5，太阳辐射强度为 1000 W/m²)。

表 5-1 中，25℃下的光伏组件性能参数为标准测试条件下的性能参数，50℃和 75℃下的光伏组件性能参数为以组件温度特性系数推算出来的结果。标称功率为光伏组件在标准

测试条件下的最大输出功率。

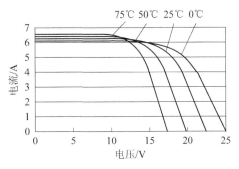

图 5-6　光伏组件的温度特性曲线

从表 5-1 中可以看出，当组件温度达到 50℃和 75℃时，其最大输出功率只有标准条件下的 88.7%和 77.5%。

表 5-1　185Wp 标准组件在 25℃、50℃、75℃三种温度下的输出特性参数

温　　度	25℃	50℃	75℃
开路电压(U_{oc})	44.5 V	40.6 V	36.7 V
短路电流(I_{sc})	5.4 A	5.5 A	5.5 A
最大功率点工作电压(U_m)	37.5 V	34.2 V	30.9 V
最大功率点工作电流(I_m)	4.95 A	5.0 A	5.1 A
峰值功率(P_m)	185 W	164.2 W	143.4 W
组件效率(n)	14.5%	12.9%	11.2%
标称功率(P_m)	1	88.7%	77.5%

3. 光伏组件的辐射强度特性

太阳辐射强度是影响光伏组件输出的又一重要因素。太阳辐射强度直接影响进入光伏板的太阳能量，它对光伏组件性能的影响主要表现为对组件输出电流的影响。光伏组件的辐射强度特性曲线如图 5-7 所示。

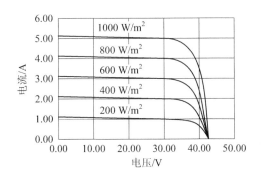

图 5-7　光伏组件的辐射强度特性曲线

在光伏组件温度不变的情况下，光电流随着光强的增长而线性增长；而光照强度对光电压的影响很小，因此光伏组件的最大输出功率随太阳辐射强度的增加而增大，输出功率与光强基本成正比。影响太阳辐射强度的主要因素有纬度、天气、海拔和日照等，因此安装地点的地理位置是影响光伏组件发电量的决定性因素。

4．遮挡对光伏组件输出特性的影响

遮挡对光伏组件性能的影响是不可低估的，甚至光伏组件上的局部遮挡也会引起输出功率的明显减少。串联使用中，当太阳能电池被遮挡时，回路的输出功率与遮挡面积不是线性关系，即一个组件中即使只有一片太阳能电池被遮挡，整个组件的输出也将大幅度降低。

无论是光伏组件还是光伏阵列，在使用过程中都将不可避免地被遮挡。这是由于太阳能电池表面可能会不清洁，可能会被划伤，可能会有来自建筑物甚至云层的遮挡。一旦光伏电池或组件被遮挡，遮挡部分得到的太阳能辐射值就会减少，显然，被遮挡部分的光伏电池或组件的输出功率就会减小。如果被遮挡的是并联部分，那么问题较为简单，只是该部分贡献的电流将减小。如果被遮挡的是串联部分，则问题会严重得多，一方面会使整个回路的输出电流减小为该遮挡部分的电流；另一方面，被遮挡部分的太阳能电池将作为耗能器件以发热方式将其他未遮挡的太阳能电池串产生的多余的能量消耗掉。而且，长时间的遮挡会造成组件产生热斑，这样局部温度就会很高，可能烧坏光伏组件。表 5-2 为组件中单个电池片被部分遮挡时遮挡面积与能量损失的关系。

表 5-2　组件中单个电池片被部分遮挡时遮挡面积与能量损失的关系

被遮挡电池片被遮挡部分与该电池片面积的百分比/%	测试组件能量的损失百分比/%
0	0
25	8
50	40
75	59
100	78

光伏组件串联时因为输出电流将取所有单个电池中的最小值，该电池将被反偏并且作为耗能器件，消耗掉由其他电池产生的超出部分的能量。理论上讲，可以采用给每个电池并联一只二极管的办法来使其耗能最小，但是该方法对大规模生产是不实际的。但是，组件旁路二极管的使用可防止被保护的电池片因耗能而产生热斑效应，从而增加组件的可靠性。这种方法的缺点是当被保护的二极管进入反偏时，旁路二极管将会引起 0.6 V 左右的压降，这将使组件的电压降低，随之有效输出功率比标准条件时偏低。图 5-8、图 5-9 分别为带旁路二极管和不带旁路二极管被遮挡的光伏组件。

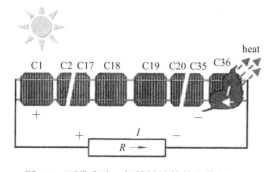

图 5-8　不带旁路二极管被遮挡的光伏组件

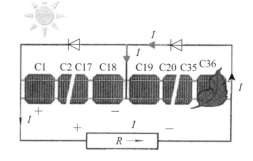

图 5-9　带旁路二极管被遮挡的光伏组件

太阳能电池组件内部互连电路的状况对组件的现场性能和工作寿命有很大的影响。当太阳能电池互连在一起时，由于这些单体电池工作特性的失配，使组件的输出功率小于各

个电池的最大输出功率之和。这个差别即失配损失，在电池串联时表现得很明显。根据很多组件生产厂的实际生产情况来看，组件失配损失一般在1%～3%之间。

串联电池组中特性最差的电池的过热问题比功率损失问题更严重。图 5-10 示出了串联电池组中输出失配电池的影响。

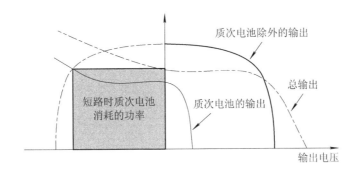

图 5-10　串联电池组中输出失配电池的影响

三、光伏组件的类型

根据太阳能电池芯片的类型可以将光伏组件分为晶体硅光伏组件(见图 5-11，分为单晶硅光伏组件和多晶硅光伏组件)、刚性衬底薄膜太阳能电池组件(分为非晶硅薄膜组件和碲化镉薄膜电池组件等)、柔性衬底薄膜太阳能电池组件。目前，地面光伏系统大量使用的是单晶体硅光伏组件、多晶硅光伏组件和非晶硅光伏组件，在能量转换效率和使用寿命等综合性能方面，单晶硅和多晶硅光伏组件要优于非晶硅光伏组件，而多晶硅光伏组件的转换效率要略低于单晶硅光伏组件，但其生产成本相对较低。

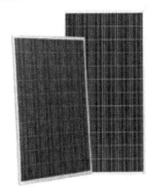

(a) 单晶硅光伏组件　　　　　　　　(b) 多晶硅光伏组件

图 5-11　晶体硅光伏组件

光伏组件多根据其应用领域和使用方式来分类，可分为常规太阳能电池组件、建材型太阳能电池组件、聚光型太阳能电池组件、两面发电型太阳能电池组件。

1. 常规太阳能电池组件

常规太阳能电池组件是指常规通用的太阳能电池组件，一般以硅系列太阳能电池为主，统称为晶体硅太阳能电池组件。晶体硅太阳能电池组件应用非常广泛，主要应用于大型太阳能光伏发电站、屋顶太阳能发电系统、地面太阳能发电阵列、小型光伏系统、太阳能路灯等，现在的市场使用比例达到90%以上。常规太阳能电池组件的结构组成主要为玻璃、EVA、电池片、EVA、TPT或TPE，如图5-12所示。

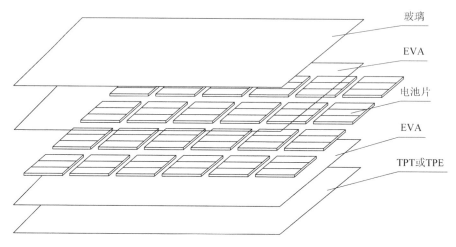

图 5-12　常规太阳能电池组件的结构组成

常规太阳能电池组件包括单晶硅太阳能电池组件和多晶硅太阳能电池组件，组成组件的电池片都采用串联的方式连接，根据系统需求，组件一般由36片、54片、60片、66片或72片等规格串联而成。光伏组件的输出功率范围为150 W～300 W。表5-3为72片标准规格的单晶组件的主要性能参数。

表 5-3　72 片标准规格的单晶组件的主要性能参数

规 格 参 数		工 作 环 境	
电池片/mm	单晶 125×125	最大系统电压/V	1000
重量/kg	15 kg	过保护电流/A	8.5
尺寸(L×W×H)/mm	1580×808×35	工作温度/℃	−40～+85
电池片数量	72(12×6)	机械载荷/Pa	≥2400
二极管数量	3	额定工作温度(NOCT)/℃	45±2
线缆长度/mm	≥900	应用等级	A
线缆直径/mm²	4		

电 性 能 参 数					
公差 /(%)	开路电压 /V	工作电压 /V	工作电流 /A	短路电流 /A	峰值功率 /W	额定工作温度 /℃
±3	44.40	35.50	4.80	5.15	170	45±2
±3	44.60	35.80	4.90	5.23	175	45±2
±3	44.80	36.00	5.00	5.29	180	45±2
±3	45.00	36.40	5.10	5.43	185	45±2
±3	45.20	37.10	5.14	5.48	190	45±2
±3	45.40	37.40	5.21	5.50	195	45±2
±3	45.60	38.00	5.26	5.52	200	45±2

图 5-13 为无锡尚德公司承建的上海世博会主题馆的屋顶太阳能发电系统。

图 5-13 上海世博会主题馆的屋顶太阳能发电系统

无锡尚德公司承建的上海世博会主题馆的太阳能光伏发电系统，其主题馆屋面太阳能板安装总面积为 31104 m^2，是目前世界上单体面积最大的太阳能屋面，全部采用尚德公司设计和制造的太阳能光伏组件。太阳能光伏总装机容量达到 3128 kWp，年均可发电 284 万度，每年可节约标准煤 1000 吨，年均减排二氧化碳约 2500 吨、二氧化硫 84 吨、氮氧化物 42 吨、烟尘 762 吨。

2. 建材型太阳能电池组件

为了使 PV 系统(即光伏发电系统)真正普及，并降低太阳能电池组件的价格，将太阳能电池和建筑物融合在一起，降低系统的安装成本，建材型太阳能电池组件应运而生。与作为建筑物的建材使用的外墙材料和屋顶材料等组合在一起的光伏组件，成为建筑物的一个组成部分，一种具有发电功能的建筑材料开始出现。实际应用的这种组件主要有双玻太阳能电池组件、曲面结构柔性电池组件及一些新型结构的电池组件。

双玻组件是一种应用比较广泛的建材型太阳能电池组件，其结构与常规组件的区别在于双玻组件的下盖板采用的是透明玻璃。双玻组件的两片玻璃必须是经过钢化的安全玻璃，且其向光的一面玻璃必须是超白玻璃。双玻组件的电池片包括单晶硅、多晶硅、非晶硅中的任意一种，其密封层可以是 EVA 胶膜或者 PVB 胶膜。作为建筑材料的双玻组件，其密封层必须是聚乙烯醇缩丁醛(PVB)树脂复合层(国家建筑玻璃安全规范要求)。

双玻太阳能电池组件为透光性组件，主要用于光伏建筑一体化，如光伏玻璃幕墙、光伏玻璃屋顶等，它们作为建筑物的一部分，能够起到隔音、隔热的作用，还能够产生清洁电力。组件的透光率可根据系统要求调整组件内电池片之间的间距和组件边缘的间距来实现，透光率的调节范围为 20%~70%。其结构示意图如图 5-14 所示。

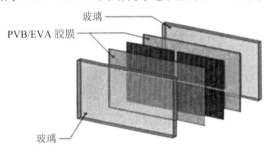

图 5-14 双玻太阳能电池组件的结构示意图

双玻太阳能电池组件没有定型规格，都是根据客户需求进行设计的。用于建筑的双玻组件，其所要求的尺寸较大。如表 5-4 为湖南神州光电能源有限公司提供的双玻组件的规格。

表 5-4 湖南神州光电能源有限公司提供的双玻组件的规格

型 号 名 称	SZG 260	SZG 350	SZG 405	SZG 435	SZG 465	SZG 505	SZG 580
1000W/m² 额定输出功率(P_{mpp})/Wp	260	350	405	435	465	505	580
每组件含电池数/pcs	72	96	112	120	128	140	160
层压玻璃厚度/mm	2×4	2×4	2×4	2×4	2×5	2×5	2×5
额定电压(U_{mpp})/V	35.47	47.75	55.25	59.35	63.44	68.89	79.13
额定电流(I_{mpp})/A	7.33	7.33	7.33	7.33	7.33	7.33	7.33
开路电压(U_{on})/V	44.43	59.24	69.11	74.05	78.99	86.39	98.73
短路电流(I_{sc})/A	7.81	7.81	7.81	7.81	7.81	7.81	7.81

图 5-15 为上海世博会中国馆屋顶彩色双玻太阳能发电系统。彩色双玻组件由湖南神州光电能源有限公司生产制造。

图 5-15 上海世博会中国馆屋顶彩色双玻太阳能发电系统

上海世博会中国馆的 250 kWp 高效彩色太阳能发电并网系统安装在中国馆地区屋面"新九州清宴"园林四周，由 2736 块高效彩色(红色、绿色、蓝色)双玻太阳能组件组成，这是高效彩色太阳能发电系统在建筑上的首次应用。彩色太阳能发电系统既能够将阳光转换成清洁电力，又能根据建筑需要拼装出彩色图案，起到美化装饰效果，这不仅是光伏建筑一体化(BIPV)应用的一个经典案例，更是光伏环境一体化(EIPV)的一次精彩亮相，是对本届世博会主题"城市 让生活更美好"的具体演绎。

图 5-16 所示的火车站玻璃天顶上安装的太阳能电站由 780 个光电转换板组成，带有 7.8 万个太阳能小室，呈长线条形的特殊结构。由于东西方向穿过市中心的轨道在此有一弯道，故这一部分的天顶呈弧形结构，在上面安装的太阳能小室也由此带有不同的角度，以达到最佳的采光效果。这一太阳能电站每年发电 16 万千瓦小时。

图 5-16　应用于火车站的双玻组件

　　曲面结构的柔性电池组件主要是指以柔性电池材料封装的光伏组件，包括无机柔性太阳能电池组件(图 5-17)、有机柔性太阳能电池组件和染料敏化柔性太阳能电池组件等，柔性非晶硅太阳能电池组件是一种典型的无机柔性太阳能电池组件。这种结构的电池组件具有可弯曲折叠、便于携带的特点，但转换效率稍低于普通的硬性太阳能电池板。这种新型太阳能电池能任意弯曲成为曲面状或任何不规则形状，它能安装在流线型汽车的顶部、帆船、赛艇、摩托艇的船舱表面以及房屋等建筑物的楼顶与外墙面上，以便充分利用丰富的太阳能并将其转化成电流。

图 5-17　柔性太阳能电池组件

3. 聚光型太阳能电池组件

　　聚光型太阳能电池组件(图 5-18)是由聚光型太阳能电池、高聚光镜面菲涅尔透镜和太阳光追踪器三者组合而成的，其太阳能能量转换效率可达 31%～40.7%，这种组件过去用于太空产业，现在则搭配太阳光追踪器，开始用于地面太阳能电站。聚光型太阳能电池的主要材料是砷化镓，也就是三五族(III-V)材料。一般硅晶材料只能够吸收太阳光谱中400～1100 nm 波长的能量，而聚光型不同于硅晶太阳能技术，透过多接面化合物半导体可吸收较宽广的太阳光谱能量，目前已有三接面 InGaP/GaAs/Ge 的聚光型太阳能电池，可大幅提高转换效率。三接面聚光型太阳能电池可吸收 300～1900 nm 波长的能量，转换效率大幅提升。但是聚光型太阳能电池由于原料稀缺，因此生产成本大大高于前两代太阳能电池。另外，生产聚光型太阳能电池耗能较大，在国家积极推行节能减排的形势下，制造聚光型太阳能电池必然会受到一些限制。

图 5-18 聚光型太阳能电池组件

4．两面发电型太阳能电池组件

两面发电型太阳能电池组件即光伏组件的双面都可以接收太阳光产生电能，其电池芯片的两面分别有一个 PN 结和一个高低结(例如 P⁺P 结，或者 N⁺N 结)。最典型的两面型发电技术是日本三洋的 HIT 技术，三洋公司生产的 HIT 电池组件效率已超过 21%。

两面发电型太阳能电池组件采用垂直安装，具有两面受光发电效果，其有效受光面大，发电工作时间长，相比单面受光太阳能电池组件的水平或倾斜安装来增加发电量，垂直安装的两面发电型太阳能电池组件不会被异物覆盖，不易污染，安装方位无限制，且易安装、易维护。

四、光伏组件的设计

为了满足工业生产、生活用电所需的功率，太阳能电池组件一般含有足够多的串联单体电池，以便能产生足以给蓄电池组充电的电压。组件串联可以增加系统的输出电压，而并联可以增加系统的输出电流。组件的设计即对组件的串并联数目、尺寸进行设计，以减小组件功率的损耗。

现行商业应用的太阳能光伏组件主要以晶硅太阳能电池为主，这里将以晶硅太阳能电池为基础来介绍光伏组件的设计。

光伏组件的最小单元是太阳能电池，晶硅太阳能电池的主要尺寸是 5 英寸和 6 英寸两种常用规格，但不管其尺寸多大，其工作电压都在 0.5 V 左右，与它的面积没有关系，而工作电流则与电池面积成正比。

1．光伏发电系统对组件的要求

太阳能电池组件要对太阳能电池片提供机械防护及化学防护，以保证光伏发电系统的最终工作寿命，理论上，此寿命可达 20 年或更长。系统密封设计必须具备的其他特性还包括紫外(UV)稳定性，在高低极限温度及热冲击下电池不致因应力而破裂，能抗御沙尘暴等恶劣天气所引起的机械损伤，具有一定的自净能力，成本低廉。除此之外，光伏组件作为光伏发电系统的核心部分，起着将太阳光的辐射能转换成直流电能，并送往蓄电池中存储起来，或直接推动负载工作的作用。因此，光伏组件必须满足光伏发电系统的以下要求：

(1) 有一定的标称工作电流输出功率。

(2) 工作寿命长，能正常工作 20～30 年，因此要求组件所使用的材料、零部件及结构，在使用寿命上相互一致，避免因一处损坏而使整个组件失效。

(3) 有足够的机械强度，能经受住运输、安装和使用过程中发生的冲突、振动及其他应力。

(4) 耐日照及极限温度变化。

(5) 易于安装、维护、更换。

(6) 组合引起的电性能损失小。

(7) 组合成本低。

2．光伏发电的电压要求

光伏发电系统根据系统类型的不同，对光伏阵列的电压要求也不一样。太阳能电池组件和其他电源一样也是由电压值和电流值标定的。对于独立的光伏系统而言，光伏组件的电压主要是与蓄电池的电压对接。只有当太阳能电池组件的电压等于或略高于合适的浮充电压时，才能达到最佳的充电状态。组件输出电压低于蓄电池浮充电压，方阵就不能对蓄电池充电；组件输出电压远高于浮充电压时，充电电流也不会有明显的增加。目前，为了对标称 12 V 蓄电池充电，要求光伏方阵输出电压高于蓄电池标称电压。对于铅酸蓄电池组，要使一个标称 12 V 的蓄电池完全充足电，需要 1.25～1.4 倍以上的电压。如果使用硅阻塞二极管，最少还需加上 0.6 V，以使其正向偏置。温度每升高 1℃，组件的开路电压下降约 0.4%。不同的组件设计会使电池在现场的工作温度不同。组件安装成背面空气可以循环的，比非这种方式安装的温度要低一些。目前，市场上给标称 12 V 蓄电池充电的太阳能电池组件的电压一般是 18 V。以此推算，对 48 V、110 V 和 220 V 的蓄电池组进行充电，其要求的光伏阵列电压分别为 72 V、165 V 和 330 V。

对于并网发电系统，其系统电压一般要求高达几百伏特，例如现在进行系统设计时，系统电压的一般规格有 110 V、220 V、600 V 等，那么系统要求光伏阵列的电压要高于这个电压。因此光伏组件的电压一般设计为 18 V 的整数倍，现在常用组件的电压规格主要是 18 V 和 36 V 两种。

3．光伏组件的串联

太阳能电池组件按一定数目串联起来，电流值不变，电压将增加，这样就可获得所需要的工作电压。光伏组件的电压一般是 18 V 或者 36 V，要得到系统要求的高电压，必须对光伏组件进行串联，以达到系统要求的电压。

例如，当要求系统的电压为 220 V 时，每个光伏板的电压为 36 V，因此需要 7 块或者 8 块组件串联才能得到合适的系统输出电压。如前面所述，太阳能电池组件的电压需等于或略高于合适的浮充电压，因此太阳能电池组件的串联数必须适当，才能达到最佳的充电状态。

独立系统光伏组件串联数量的计算方法如下：

$$N_s = \frac{U_R}{U_{oc}} = \frac{U_f + U_D + U_c}{U_{oc}}$$

式中，U_R 为太阳能电池方阵输出的最小电压；U_{oc} 为太阳能电池组件的最佳工作电压；U_f 为蓄电池浮充电压；U_D 为二极管压降，一般取 0.6 V；U_c 为其他因数引起的压降。蓄电池的浮充电压和所选的蓄电池参数有关，应等于在最低温度下所选蓄电池单体的最大工作电压乘以串联的电池数。

如果系统为并网系统，则要确保光伏阵列的系统电压不超过逆变器的最大电压，同时满足光伏组件在较高工作温度下(例如75℃)，其输出电压不低于逆变器的输入电压。

图5-19为三块组件串联时的 I-U 特性曲线。

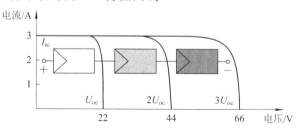

图5-19　三块组件串联时的 I-U 特性曲线

4. 光伏组件并联

太阳能电池组件按一定数目并联起来，电压值不变，电流值将增加，这样就可获得所需要的工作电流。以独立系统为例，太阳能电池组件设计的基本思想就是满足年平均日负载的用电需求。太阳能电池组件的基本计算方法是用负载平均每天所需要的能量(安时数)除以一块太阳能电池组件在一天中可以产生的能量(安时数)，这样就可以算出系统需要并联的太阳能电池组件数，使用这些组件并联就可以产生系统负载所需要的电流。其基本计算公式如下：

$$组件并联数 = \frac{日平均负载(Ah)}{组件日输出(Ah)}$$

光伏组件的输出，会受到一些外在因素的影响而降低，根据上述基本公式计算出的太阳能电池组件，在实际情况下通常不能满足光伏系统的用电需求，为了得到更加正确的结果，有必要对上述基本公式进行修正。

图5-20为三块组件并联时的 I-U 特性曲线。

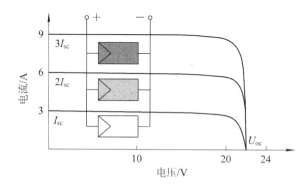

图5-20　三块组件并联时的 I-U 特性曲线

首先，将太阳能电池组件的输出降低10%。在实际情况下，太阳能电池组件的输出会受到外在环境的影响而降低。泥土、灰尘的覆盖和组件性能的逐渐衰变都会降低太阳能电池组件的输出。因此通常在计算的时候以减少太阳电池组件输出的10%来解决上述不可预知和不可量化因素导致的问题。这可以看成光伏系统设计时需要考虑的工程上的安全系数。又因为光伏供电系统的运行还依赖于天气状况，所以有必要对这些因素进行评估和技术估计，因而设计上留有一定的余量将使得系统可以年复一年地长期正常使用。

其次，将负载增加 10% 以应付蓄电池的库仑效率。在蓄电池的充放电过程中，铅酸蓄电池会电解水，产生气体逸出，这也就是说太阳能电池组件产生的电流中将有一部分不能转化储存起来，而是耗散掉了。所以可以认为必须有一小部分电流用来补偿损失，我们用蓄电池的库仑效率来评估这种电流损失。不同的蓄电池其库仑效率不同，通常认为有 5%～10% 的损失，因此保守设计中有必要将太阳能电池组件的功率增加 10%，以抵消蓄电池的耗散损失。

综合考虑上述因素，电池组件的并联设计公式可修正如下：

$$组件并联数 = \frac{日平均负载}{库仑效率 \times (组件日输出 \times 衰减因子)}$$

5. 光伏组件串并联

同蓄电池一样，将光伏组件串联时电压将增加，将光伏组件并联时电流将增加。例如，同样的两个 12 V/3 A 光伏组件串联接线后得到 24 V/3 A 系统。为了增加系统的电流值，光伏组件必须并联接线，同样的两个 12 V/3 A 光伏组件并联接线后得到 12 V/6 A 系统。并联接线使产生的电流值增加，电压值不变。光伏系统采用串/并联接线，可以获得所需要的电压和电流值。为了得到 24 V/6 A 方阵，需要 4 个 12 V/3 A 的光伏组件。注意，串联接线时要将一个组件的正极连到另一个组件的负极，并联接线是从正极到正极、负极到负极。光伏组件串联接线时的总电压等于各单独组件电压之和，各组件电流相等。蓄电池与光伏组件连接时，组件使用串联和并联组合接线，可实现负载所要求的电压和电流。

图 5-21 为三串三并组件的 I-U 特性曲线图。

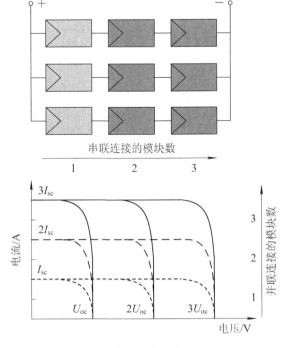

图 5-21　三串三并光伏组件的 I-U 特性曲线

方阵的输出功率与组件串并联的数量有关，串联是为了获得所需要的工作电压，并联是为了获得所需要的工作电流，适当数量的组件经过串并联即组成了所需要的太阳能电池方阵。

第二节　光伏组件工艺

用不同材料的太阳能电池封装成太阳电池组件，其生产工艺不尽相同。目前大规模应用于光伏系统的太阳能电池组件以晶体硅太阳能电池组件为主，本节主要介绍晶体硅太阳能电池组件的封装工艺。

光伏组件的工艺流程如图 5-22 所示。

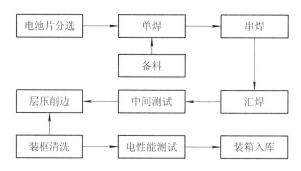

图 5-22　光伏组件的工艺流程

(1) 电池芯片分选和备料：对电池片的电性能进行测试，对其外观进行分选；准备好电池焊接和层压所需要的各种辅材。

(2) 单片焊接：将电池片正面焊接互连条(涂锡铜带)，为电池片的串联做准备。

(3) 串联焊接：将电池片按照一定数量进行串联，第一片电池片的正面焊接到第二片电池片的背面。

(4) 汇焊(叠层)：将电池串进行电路连接汇流并引出电极，同时用玻璃、EVA 胶膜、背板将电池片保护起来。

(5) 中间检测：保证电池片电流匹配，组件外观和功率输出符合要求。

(6) 层压：将电池片和玻璃、EVA 胶膜、背板在一定的温度、压力和真空条件下黏结融合在一起。

(7) 装框、清洗：用铝边框保护玻璃组件，将电极与接线盒进行连接，便于安装使用；用酒精对组件进行清洗、擦拭，保证组件外观洁净，去除四角锋利边缘。

(8) 电性能测试：测试组件的绝缘性能和发电功率。

(9) 包装入库。

一、电池片的分选和备料

电池片焊接之前的准备工作包括电池片分选和备料，即对电池片的电性能进行测试，对电池片的外观进行分选，准备好电流匹配性一致和外观合格的电池片。为了降低组件电池片的匹配损失，电池片分选时，先按照工作电流分挡，然后按照功率分挡。

其他辅料按照组件规格进行裁剪备用，如图 5-23 所示。其中，涂锡铜带需用助焊剂进行浸泡，助焊剂的主要作用是清除表面的氧化物，使金属表面达到必要的清洁度，防止焊接时表面的再次氧化，降低表面张力，提高焊接性能)。准备好其他主要辅材，包括玻璃、铝框、接线盒、有机硅胶等。合理选用封装材料，采取正确的封装工艺，保证太阳能电池的高效利用。优良的太阳能电池组件，除了要求太阳能电池本身效率要高外，优良的封装材料和合理的封装工艺也是不可缺少的。

(a) 涂锡铜带　　　　　　　(b) 背板/TPT　　　　　　　(c) EVA 胶膜

图 5-23　其他辅料的准备

1. 玻璃

标准太阳能电池组件的上盖板材料通常采用低铁钢化玻璃(图 5-24、图 5-25)，其特点是透过率高、抗冲击能力强、使用寿命长。这种太阳能电池组件用的低铁钢化玻璃，厚度一般为 3.2 mm 或者 4 mm，在晶体硅太阳能电池响应的波长范围内(320～1100 nm)，其透光率达 91%以上，对于波长大于 1200 nm 的红外线有较高的反射率，同时能耐太阳紫外线的辐射。

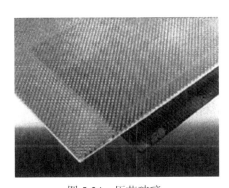 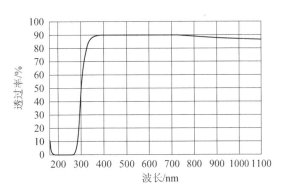

图 5-24　压花玻璃　　　　　　图 5-25　低铁钢化玻璃的透过率曲线

为了进一步提高太阳光的透过率，现在很多研究机构和企业都在研究表面镀膜玻璃，并已开始批量生产。这种镀膜玻璃能够增加玻璃的透光率，并有自洁净功能，可以有效提高光伏组件的转换效率。镀膜玻璃是在玻璃表面涂镀一层或多层金属、合金或金属化合物薄膜，以改变玻璃的光学性能，满足某种特定要求。玻璃的镀膜技术属于一种玻璃的深加工方法，太阳能玻璃镀膜技术要求硅光电转换光谱部分透过率高，1100 nm 后光谱透过率低，并且具有自洁净功能。增加透光率和自洁净功能是组件玻璃的主要发展方向，因此镀膜技术的核心在于具有相应的自洁净功能后，透光率没有明显降低，甚至更高。目前 3M

公司生产的光伏镀膜玻璃其透光率超过 95%，提升组件的光伏转换效率达 2.5%～2.8%。

2．EVA 胶膜

EVA 是乙烯与醋酸乙烯脂的共聚物，EVA 具有优良的柔韧性、耐冲击性、弹性、光学透明性、低温绕曲性、黏结性、耐环境应力开裂性、耐候性、耐腐蚀性、热密封性以及电性能等。

EVA 的性能主要取决于分子量(可以用熔融指数 MI 表示)和醋酸乙烯酯(以 VA 表示)的含量。当 MI 一定时，VA 的含量增高，EVA 的弹性、柔软性、黏结性、相溶性和透明性提高；VA 的含量降低，EVA 则接近于聚乙烯的性能。当 VA 含量一定时，分子量降低则软化点下降，而加工性及表面光泽改善，但强度降低；分子量增大，可提高耐冲击性和应力开裂性。

EVA 胶膜是一种热固性的膜状热熔胶，常温下不发黏，便于操作；在熔融状态下，它和电池片、玻璃、背板黏结，成为太阳能电池板。未经改性的 EVA 透明、柔软，有热熔黏结性，熔融温度低(<80℃)，熔融流动性好。这些特征满足了胶膜制造与太阳能电池封装的需求，但其耐热性差，易延伸而弹性低，内聚强度低而抗蠕变性差，易产生热胀冷缩致硅晶片碎裂。为此要对 EVA 进行改性，办法是采取化学交联，即在 EVA 中添加有机过氧化物交联剂，当 EVA 胶膜加热到一定温度时，交联剂分解产生自由基，引发 EVA 分子间的结合，形成三维网状结构，使 EVA 胶层交联固化，当交联度达到 60%以上时就能承受大气的变化(大部分厂家的交联度控制在 80%～90%)，不再发生热胀冷缩。

此外，生产厂家和用户比较关心的问题是，EVA 是否经得住紫外光而老化。如果 EVA 胶膜未经改性，必定会受紫外线破坏，发生龟裂，或降解变色，或和玻璃、TPT 脱胶，尤其用于高原地区的太阳能电池更应重视此问题。因此还要采取抗紫外光措施。EVA 胶层内若含有吸收紫外光的主、辅剂配合的复合光稳定剂，就能起到吸收紫外光的协同效应。EVA 胶膜具有吸收紫外光的性能，除保护 EVA 胶层本身外，还可保护电池背板材料，从而保障太阳能电池长年正常工作。

3．背板材料

太阳能电池组件背板材料有多种选择，主要取决于应用场所和用户需求。用于太阳能庭院灯和玩具的小型太阳能电池组件多用电路板、耐温塑料或玻璃钢板材，而大型太阳能电池组件多用玻璃或 Tedlar(杜邦公司的注册商标)复合材料。用玻璃制成的双面透光的太阳能电池组件，适用于光伏幕墙或透光光伏屋顶。透明 Tedlar 由于重量轻，适用于建造太阳能车、船。用得最多的是 Tedlar 复合薄膜，如 TPT 或 TPE。Tedlar 严格来说应为 Tedlar PVF 薄膜，是一种具有高透过率的透明材料，也可根据需要制成蓝、黑等多种颜色。此外，Tedlar PVF 还具有优良的强度和防潮性能，可直接用作太阳能电池组件的封装材料。

一般的复合薄膜所用的 Tedlar 厚度为 38 μm、聚酯为 250 μm，由 Tedlar、聚酯、Tedlar 三层材料构成，简称 TPT。Tedlar 复合薄膜具有更好的防潮、抗湿和耐候性能，通常太阳能电池组件背面的白色覆盖物大都是 TPT。TPT 还具有高强、阻燃、耐久、自洁等特性，在纺织、建筑等行业都有广泛应用。白色的 TPT 对阳光可起到反射作用，能提高组件的效率，并且具有较高的红外反射率，可以降低组件的工作温度，也有利于提高组件的效率。

目前,很多太阳能电池组件封装厂家开始使用 TPE 代替 TPT 作为太阳能电池组件的背板材料,如图 5-26 所示。TPE 是由 Tedlar、聚酯、EVA 三层材料构成的。由于少了一层Tedlar,TPE 的耐候性能不及 TPT,但其价格便宜,与 EVA 黏合性能好。在组件封装,尤其是小型组件封装中应用越来越多。

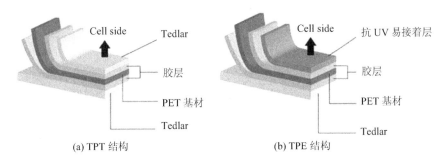

(a) TPT 结构　　　　　　　　　　(b) TPE 结构

图 5-26　背板结构

随着彩色电池的产生,为了配合光伏组件与环境的融合,开始出现各种颜色的背板,例如,如果电池片是红色的,则可选用红色背板;如果电池片是绿色的,则可选择绿色背板。这样使整个组件颜色基本保持一致,但是背板颜色不能太过鲜艳,因为彩色电池片的颜色一般比较浅。

4. 涂锡铜带

太阳能电池的电流一般是通过电池片表面的印刷电极来收集的,并通过在电极上焊接互连条来连接每个电池片的正负极。涂锡铜带能提供很好的连接作用以收集电流,而且其体电阻及与电池片的接触电阻较小,因此在光伏组件中有重要的应用。其电阻为

$$R = \frac{\rho L}{S}$$

式中,ρ 为电阻率,S 为截面积,L 为样品长度。

由于电阻率是金属的固有属性(一般要求铜基材纯度≥99.95%,电阻率≤$2.55 \times 10^{-8}\Omega \cdot m$),它不随金属的横截面、长度的变化而变化,所以针对组件输出电性能,应适当增加截面积,以降低组件内电阻,提高输出功率。涂锡铜带基材的截面积越大其电阻越小,组件的串联电阻也越小。提高涂锡铜带基材的截面积有两种方法,在相同材质下,一种是提高基材厚度,一种是提高基材宽度。但不管采取哪种情况,增加截面积势必影响涂锡铜带的"柔软"度,也就会影响焊接的破损率;而增加宽度则会增大遮挡面积,减少入射光。在选择光伏焊带规格时,需要两者结合起来考虑。

在选择涂锡铜带时应根据所选用的电池片特性来决定用什么规格的焊带,并根据电池片的厚度和短路电流来确定涂锡铜带的厚度,要求其宽度和电池的主栅线宽度一致,涂锡铜带的软硬程度一般取决于电池片的厚度和焊接工具。手工焊接时要求焊带比较软,软态的焊带在烙铁走过之后会很好地和电池片连接在一起,形成良好的银锡合金,同时,在焊接过程中产生的应力很小,可以降低碎片率。但是如果焊带过软,抗拉伸强度与延伸率就会降低,很容易拉断。

5. 铝框

铝框主要有以下几种作用:

(1) 保护玻璃边缘；

(2) 铝合金结合硅胶加强了组件的密封性能；

(3) 提高组件整体的机械强度；

(4) 便于组件的安装、运输。

太阳能电池组件要保证长达 25 年的使用寿命，铝合金表面必须经过钝化处理——阳极氧化(也即金属或合金的电化学氧化，是将金属或合金的制件作为阳极，采用电解的方法使其表面形成氧化物薄膜。金属氧化物薄膜改变了表面状态和性能，如表面着色，提高耐腐蚀性、增强耐磨性及硬度，保护金属表面等)，表面氧化层厚度大于 12 μm。用于封装的铝框应无变形，表面无划痕。目前组件厂家的铝框对平均氧化层的处理厚度为 15 μm ± 2 μm。

6. 接线盒

光伏组件的正、负极从背板引出后需要一个专门的接线盒来实现与负载的连接。电极引出后一般仅为几条涂锡铜带，不方便与负载之间进行电气连接，需要将电极焊接在成型的便于使用的电气接口上。同时，引出电极时密封性被破坏，这时需涂硅胶进行弥补，接线盒同时起到了增加连接强度且美观的作用，通过接线盒内的电导线引出了电源的正、负极，避免了电极因与外界直接接触而老化。

接线盒(图 5-27)主要由上盖、密封圈、二极管、连接装置、散热装置(取决于接线盒的设计)、盒体组成。

图 5-27　接线盒

(1) 盒体及上盖：一般由 PPO(聚苯醚)或 PA(尼龙)注塑而成，要求具有优异的耐老化性能，并具有一定的强度，且耐高温、抗温度冲击。

(2) 密封圈：用于防水防尘，要求弹性好，耐老化性能好。

(3) 二极管：起保护组件的作用，电性能需符合要求，工作时结温不大于额定值，耐腐蚀。

二极管的作用主要是为了尽量减小热斑效应对整个组件的影响。一个串联支路中被遮挡的太阳能电池将被当作负载消耗其他有光照的太阳能电池所产生的能量(有少部分能量被消耗)，被遮挡的太阳能电池此时会发热，这就是热斑效应。这种效应能严重破坏太阳能电池的性能和寿命。有光照的太阳能电池所产生的部分能量，都可能被遮挡的电池所消耗。为了防止光伏组件中太阳能电池由于热斑效应而遭受损坏，在接线盒中设计了对应规格的二极管，以避免有光照的太阳能电池所产生的能量被受遮挡的太阳能电池所消耗。

(4) 连接装置：一般由外镀镍层的高导电解铜制成，以确保电气导通及电气连接的可靠。

7．有机硅胶

硅胶的总体性能要求如下：

(1) 具有弹性和应变能力。

(2) 有良好的电绝缘性能。

(3) 有良好的耐气候性能。

(4) 黏接、密封性能可靠、不失效。

硅胶主要用来黏接和密封。黏接铝框和层压好的玻璃组件并起到密封作用，黏接接线盒与 TPT，起固定接线盒的作用。有机硅产品是一类具有特殊结构的封装材料，兼具无机材料和有机材料的许多特性，如耐高温、耐低温、耐老化、抗氧化、电绝缘、疏水性等。有机硅(硅胶)是弹性体，在外力作用下具有变形的能力，外力去除后又恢复原来的形状。

二、太阳能电池的焊接

1．单焊

将互连条焊接到电池正面(负极)的主栅线上，互连条为镀锡的铜带，焊带的长度约为电池边长的 2 倍。多出的焊带在背面焊接时与后面的电池片的背面电极相连。单焊分为自动焊接(图 5-28)和手工焊接(图 5-29)两种，多以手工焊接为主，一般手工焊接的焊接温度在 350℃左右，单片焊接时间为 2～6 s。同时，为了降低热应力引起的电池碎片，需对电池片进行预热，预热板温度一般在 40℃左右。

图 5-28　自动焊接

图 5-29　手工焊接(单焊)

单焊时的注意事项：

(1) 确保烙铁头平整、清洁，否则易导致焊带表面不光滑，且易产生焊锡渣。

(2) 把握焊接时间，时间过短可能导致电池片的虚焊，时间过长则可能导致电池片主栅线的破裂。

(3) 把握焊接温度，温度过低可能导致电池片的虚焊、过焊。

2. 串焊

背面焊接是将正面焊接好的电池片串接在一起形成一个电池串，如图 5-30 所示。手动工艺中电池片的定位主要靠模具，模具上面有放置电池片的凹槽，槽的大小和电池片的大小与设计的片间距相对应，操作者使用电烙铁将"前面电池"的正面电极(负极)焊接到"后面电池"的背面电极(正极)上，这样依次将电池片串接在一起并在电池串的末端一片焊接出引线，如图 5-31 所示。

图 5-30　串联示意图

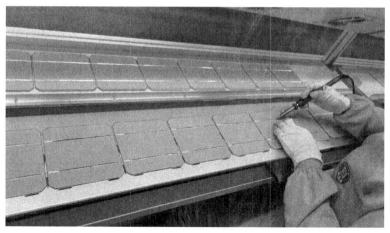

图 5-31　手工焊接(串焊)

串焊时的注意事项：

(1) 确保电池片的间距合适，否则将导致电池串不直，影响叠层的质量，进而影响层压后组件的绝缘性能。

(2) 确保烙铁头平整、清洁，否则将导致焊带表面不光滑，且易产生焊锡渣。

(3) 把握焊接时间，时间过短可能导致电池片的虚焊，时间过长则可能导致电池片主栅线破裂(过焊)。

(4) 把握焊接温度，温度过低可能导致电池片的虚焊，温度过高则可能导致电池片裂片。

(5) 确保电池片没有虚焊，否则将增大组件内电阻，导致组件报废。

3．敷设(叠层)

背面串接好且经过检验合格后，将电池串、玻璃和裁切好的 EVA、背板按照一定的层次敷设好，准备层压。敷设时按照产品图纸调整电池串的间距，并按照图纸进行汇焊(图 5-32)，使所有电池片形成设计的串并联连接并引出相应的电极(图 5-33)；同时需保证电池串与玻璃等材料的相对位置，为组件层压做好准备。敷设层次由下向上为玻璃、EVA、电池、EVA、背板。

图 5-32　汇焊　　　　　　　　　　　图 5-33　手工焊接(汇焊)

敷设时的注意事项：

(1) 保证原材料清洁，如有油污或污垢则可能导致层压后组件出现气泡或者造成组件质量下降。

(2) 确保无隐裂、虚焊和过焊的电池片，这些都可能致使层压之后出现裂片，导致组件降级或直接报废。

(3) 确保无焊锡瘤，否则可能造成电池片的破裂。

(4) 确保叠层中电池串的极性连接正确，否则会造成组件报废。

(5) 确保组件内没有混入汇流带残渣、焊锡渣、头发等杂物，这些将会造成组件外观不良，甚至导致组件质量下降。

4．光伏组件的层压技术

将敷设好的电池放入层压机内，通过抽真空将组件内的空气抽出，然后加热使 EVA 熔化，从而将电池、玻璃和背板黏接在一起；最后，冷却取出组件。层压工艺是组件生产的关键一步，层压温度、层压时间由 EVA 的性质决定。现在的常规工艺采用的都是快固化工艺，速固化 EVA 时，层压循环时间约为 20 分钟，固化温度为 140℃左右。

层压的基本过程：

(1) 启动设备。打开层压机(图 5-34)，按下加热按钮，设定好工作温度。

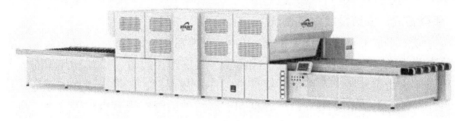

图 5-34　全自动层压机

(2) 送料。待加热板温度达到指定温度后，将敷设好的半成品放入层压机并合上盖。

(3) 抽真空。对下室抽真空，EVA 在层压机内开始受热，受热后的 EVA 处于熔融状态，EVA 与电池片、玻璃、背板之间有空气存在，下室抽气(抽真空)可以将这些间隙中的空气排出。如果抽气时间和层压温度设置不当，在组件玻璃下面常会出现气泡，致使组件使用过程中，气泡受热膨胀而使 EVA 脱层，从而影响组件的外观、效率与使用寿命。抽真空时间一般为 5～10 分钟。

(4) 层压。层压一般分三次加压，在加压过程中，下室继续抽真空，上室充气，胶皮气囊构成的上室，充气后体积膨胀(由于下室抽真空)，充斥于整个上、下室之间，挤压放置在下室的电池片、EVA 等。熔融后的 EVA 在挤压和下室抽真空的作用下，流动而充满玻璃、电池片、背板之间的间隙，同时排出中间的气泡。这样，玻璃、电池片、背板就通过 EVA 紧紧黏合在一起。层压时间为 4～12 分钟。

(5) 出料。层压好后需要开盖将层压好的半成品取出。前两个过程中下室处于抽真空状态，在大气压作用下，上盖受向下的压力。开盖时，先是下室充气，上室抽真空，使放有电池组件的下室气压与大气压平衡，再利用设置在上盖的两开盖支臂将上盖打开，然后将层压好的半成品取出。

层压时，EVA 熔化后由于受到压力而向外延伸固化形成毛边，所以层压完毕应将其切除(图 5-35)。

图 5-35 层压后削边

层压时的注意事项：

(1) 层压前需对组件认真检查，否则可能导致层压后的组件出现异物或者裂片，甚至极性接反等，造成组件的降级或返修，增加产品的成本。

(2) 监控层压参数，由于不同的组件，其参数会有所不同，所以一定要确定好参数，否则可能造成同一批次组件质量的整体下降。

5. 装框打胶、安装接线盒及清洗

层压完成的半成品已经有功率输出，但实际应用还缺少必要的机械承载和保护，电气输出部分也非常脆弱。一般应对层压半成品安装铝框和接线盒，如图 5-36 所示。

装框类似于给玻璃装一个镜框。给玻璃组件安装铝框，可增加组件的强度，进一步密封电池组件，延长电池的使用寿命。边框和玻璃组件的缝隙用有机硅胶填充，各边框间用 L 形型材连接。

图 5-36　装框和接线盒

安装接线盒即在组件背面引线处用硅胶黏接一个盒子，以利于电池与其他设备或电池间的连接。

组件清洗一般要求在硅胶固化 24 小时之后进行，主要是清洗组件外观以及对四周锋利边角进行处理，防止对人员造成伤害。

6. 光伏组件的测试

测试的目的是对光伏组件的输出功率进行标定，测试其输出特性，同时测量光伏组件的绝缘耐压性能，确定组件的质量等级，如图 5-37 所示。

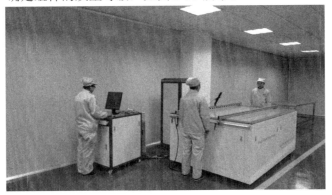

图 5-37　输出功率测试

输出功率标定是模拟太阳光在标准测试条件(STC)下，改变负载，测量电流电压输出曲线，得到最大输出功率。

标准测试条件(STC)为：

(1) 大气质量为 AM1.5 时的太阳光谱分布。

(2) 太阳辐照强度为 1000 W/m^2。

(3) 温度为 25℃。

绝缘耐压测试(图 5-38)按照《GB/T 9535—1998 地面用晶体硅光伏组件设计鉴定和定型》进行测试，步骤如下：

(1) 将组件引出线短路后接到有限流装置的直流绝缘测试仪的正极。

(2) 将组件暴露的金属部分接到绝缘测试仪的负极。如果组件无边框，或边框是不良导体，可为组件安装试验的金属支架，再将其连接到绝缘测试仪的负极。

(3) 以不大于 500 V/s 的速率增加绝缘测试仪的电压，直到等于 1000 V 加上两倍的系统最大电压。维持此电压 1 min。如果系统的最大电压不超过 50 V，所施加的电压应为 500 V。

(4) 在不拆卸组件连接线的情况下，降低电压到零，将绝缘测试仪的正负极短路 5 min。

(5) 拆去绝缘测试仪正负极的短路。

(6) 按照步骤(1)和(2)的方式连线，对组件加一不小于 500 V 的直流电压，测量绝缘电阻。

图 5-38　绝缘耐压测试

绝缘耐压测试时的试验要求：

(1) 在步骤(3)中，无绝缘击穿(小于 50 μA)，或表面无破裂现象。

(2) 绝缘电阻不小于 50 MΩ。

第三节　双玻组件工艺与组件要求

一、双玻组件工艺及其组件要求

双玻组件(图 5-39)与常规组件的主要区别在于，双玻组件的下盖板采用透光玻璃，它是一种通过层压入太阳能电池，能够利用太阳辐射发电，并具有相关电流引出装置以及电缆的特种玻璃。它有着美观、透光可控、节能发电的优点，应用非常广泛，如太阳能智能窗、太阳能凉亭和光电玻璃建筑顶棚，以及光电玻璃幕墙等。作为一种新型建筑材料，目前国内对于它的相关总体设计研究并不多。

图 5-39　双玻组件

晶体硅双玻光伏组件为两片钢化玻璃，中间密封胶膜一般采用 PVB 胶膜或者 EVA 胶膜，胶膜复合光伏电池片组成复合层，电池片之间由导线串、并联汇集引线端的整体构件。其组件结构为：3.2 mm 超白钢化玻璃 + PVB/EVA + 晶硅电池 + PVB/EVA + 钢化玻璃 (3.2~10 mm)。

通过 PVB 新工艺封装的多晶硅电池组件用于 BIPV，安全性高，完全符合国内建筑幕墙的强制认证(3C 认证)，相对于非晶硅薄膜电池组件更便宜且转换率高。同时，双玻组件可以通过调节晶硅电池和第二层 PVB 胶膜的颜色以使组件美观，适用于建筑的多种要求。双玻组件的制造设备一般采用层压机制备或者高压釜设备制备，采用高压釜制备一般成品率相对较低。

二、光伏建筑一体化对双玻组件的设计要求

在双玻组件的应用设计中，首要考虑的应该是组件的基本物理性能与电性能，包括边框材料类型、电池材料、可承受的荷载、绝缘性能、温度系数、额定工作温度及性能、低辐照度下的性能、热斑耐久性能以及湿热—湿冷性能。这些性能都是双玻组件建筑材料的基本要求，一般只有在满足了基本物理性能和电性能的情况下才能考虑其他方面。

其次，必须考虑材料的具体建筑功能，是否能替代普通建筑材料，各种性能是否能达到普通建筑材料的功能标准。作为一种建筑材料，它的防火、防水、结构强度是否达到设计要求？

再次，在设计光伏玻璃建筑材料时还应该考虑其美观性、透光性等要求，例如双玻组件电池片的排列、颜色等。因此，根据建筑一体化的要求，双玻组件的设计应满足如下要求：

(1) 容易和任何建筑结构设计成一体，能够比较方便地安装在任何普通结构上，与一般建筑材料能够很方便地衔接。

(2) 通过特殊的结构设计，双玻组件必须具有良好的防渗性能和防风性能，必须具有和普通建材一样的防风避雨的功能。

(3) 具有和普通建材一样的持久性，这主要和安装双玻组件的构件选材有关。

(4) 双玻组件的安装必须符合建筑标准规范，并且和普通建材的安装用时相当。

(5) 线路连接应该符合相关规范，不能由于接线盒、电线以及安全性的不同而导致复杂化。

(6) 组件电池片的排布要满足建筑对透光性的要求，以及对美观的要求。

三、双玻组件结构设计要求

双玻组件是由玻璃—EVA(或 PVB)胶膜—太阳电池—EVA(或 PVB)胶膜—玻璃共 5 层组成的，类似于建筑上常用的夹胶玻璃。其整体透光率可以通过控制电池之间的间距和边缘空隙来实现。理论上用于建筑的光伏板尺寸越大越好，因为可以减少边框以及固定构件的使用，降低成本，并且可以真正替代大面积的玻璃，但受工艺方面的限制，目前尺寸大多在 1.8 m × 2.4 m 以下。电池板的上表面玻璃要求有较高的透过率，一般采用超白低铁钢化玻璃，厚度一般在 4~6 mm 之间；底板玻璃由于起主要的支承作用，厚度可以在 4~19 mm 之间，具体厚度应该根据双玻组件安装的部位以及抗风压要求等决定，应该使用钢化玻璃，以避免热应力的破坏。由于目前还没有相关的用于建筑物上的双玻组件的国家标准，参考

夹胶玻璃的相关技术规范以及太阳能电池组件的国家规范，对双玻组件提出如下的性能要求：

1. 机械载荷设计要求

机械载荷主要是指双玻组件抗风、雪或冰雹等静态载荷的能力，用于建筑屋顶的双玻组件建筑材料以及安装在建筑立面的双玻组件经常要承受此类负荷。机械载荷的设计包括双玻组件的玻璃面板设计、边框设计和构件设计。

双玻组件的表面强度可以参照夹层玻璃的设计标准强度设计。

边框的强度可以根据材料的使用部位、国家规定的普通标准进行设计并进行相关试验。

构件强度设计主要依据双玻组件使用的部位、需满足的结构强度要求来选择不同的材料。因此要求双玻组件在均匀承压 2400 Pa 一小时的情况下，达到以下要求：无间歇短路或漏电，无外观缺陷，功率衰减不超过 5%，绝缘电阻满足初始试验要求。

2. 落球冲击剥离性能要求

参照幕墙的设计规范，根据使用部位、安全性的不同，光电幕墙可分为Ⅰ类、Ⅱ-1 类、Ⅱ-2 类、Ⅲ类。

Ⅰ类：对霰弹袋冲击试验不做要求的双玻组件。

Ⅱ-1 类：霰弹袋冲击高度为 1200 mm，符合霰弹袋冲击性能规定的双玻组件。

Ⅱ-2 类：霰弹袋冲击高度为 750 mm，符合霰弹袋冲击性能规定的双玻组件。

Ⅲ类：总高度不超过 16 mm，符合霰弹袋冲击性能规定的双玻组件。

3. 叠差和对角线差要求

双玻组件作为建筑材料，应符合夹层玻璃的相关生产规范，其最大叠差应符合表 5-5 中的规定。

表 5-5　最大允许偏差

长度或宽度 L	最大允许叠差/mm
L<1000	2.0
1000≤L<2000	3.0
2000≤L<4000	4.0
L≥4000	5.0

对于矩形双玻组件制品，一般长度小于 2400 mm 时，其对角线偏差不得大于 4 mm；一般长度大于 2400 mm 时，其对角线偏差应由供需双方商定。

四、光伏环境一体化应用组件的要求

大型太阳能光伏电站需占用大量的土地面积(1 MW 的电站占地面积大约为 1 万平方米)，而需要大量用电的城市不能提供足够的土地来安装大型太阳能电站，因此光伏建筑一体化将是城市光伏发电系统主要的应用方向。但是常规太阳能电池在建筑物上的应用受到一定的制约，因为建筑物作为环境和城市的景观，对外观色彩的要求非常高，而常规太阳能电池只有单一颜色(蓝色或者黑色)，与环境不协调。光伏发电与环境融合形成光伏环境一体化(EIPV)将对光伏组件提出新的要求。光伏系统与环境融合为一体，对组件主要有以下几个方面的要求：

(1) 光伏组件的颜色能够与环境融合为一体，即采用彩色光伏组件，包括组件背板和组件边框等都要求颜色搭配协调。

(2) 光伏组件的电池片转换效率在16%以上(多晶彩色电池)。

(3) 光伏组件能够满足建筑要求，如图5-40所示。

图 5-40　彩色光伏系统与建筑屋顶融为一体

第四节　光伏组件的认证

一、光伏组件认证的基本知识

认证(Certification)的中文含义是出具证明的活动,国际标准化组织(ISO)将其定义为"由第三方确认产品、过程或服务符合特定要求并给以书面保证的程序"。

各国认证机构开展的认证业务主要包括质量体系认证和产品认证。其中，产品认证分为安全认证(有的包含电磁兼容认证)和合格认证(性能认证)。通常，安全认证是强制性的，而合格认证是自愿性的。光伏领域(安全和性能)目前是自愿性认证。但随着光伏行业逐步走向成熟，产品认证越来越重要，成为产品进入市场的一个基本门槛。

光伏产品认证包括型式试验、工厂检查和证后监督。其流程包括申请、型式试验、工厂检查、报告评定、颁发证书和证后监督。

(1) 申请：网上申请或填写相应机构的申请书。

(2) 型式试验(即定型试验)：一般是在设计定型阶段进行(避免不合格品的报废损失)的，由企业开发出样品送实验室进行标准的全项检测(实施规则另有规定的除外)，若不合格则可以整改，直到合格。

(3) 工厂检查：对工厂的质量保证能力(含质量管理要素和产品设计、生产工艺控制、关键品采购、检验等要求)进行检查，以确认企业有能力生产出与送到实验室检验合格的产品一致的合格品。一般同类产品初次工厂审查合格后，厂检报告一年内都有效。

(4) 报告评定：在持有有效检测报告(或确认表)和厂检报告的情况下，认证机构应在5个工作日内完成评定工作并颁发证书。

评定内容如下：

① 资料完整性(包括申请书、注册证明文件等);

② 信息正确性(即申请人/制造商名称地址与营业执照、工厂地址与厂检报告一致等);

③ 检测项目完整性、厂检报告有效性等等。

(5) 颁发证书:颁发对应的资格证书。

(6) 证后监督:对获证企业每年需要进行年度监督(含产品抽样检查),以确认企业能持续有效地生产出合格品(最关注的是产品一致性);监督检查不合格的,证书将被暂停,3个月不能整改合格恢复证书的,证书将被撤销。

从以上认证的程序可以看出,通过认证可以帮助企业从各个环节(产品设计定型、关键零部件的采购控制和检验、生产过程控制、最终产品检验等)进行质量控制,提高产品质量,这对于生产厂家和用户都具有非常重要的作用和意义。

(1) 能有效防止企业的不正当竞争,正确引导合理、简便地选择供货单位,净化和改善市场环境,促进国内外贸易的发展。

(2) 能保证产品和服务质量,提高企业产品信誉,提高企业管理水平,树立企业良好形象,增强其在市场上的竞争力,并获得显著效益。

(3) 减少重复检测,简化交易和进出口手续,使认证合格的组织获得方便并受益,以促进国际贸易的发展。

(4) 维护民生权益,有利于保障和维护消费者合法权益,促进社会和谐。

(5) 防止国外假冒伪劣产品进入国内市场,破坏我国市场经济,损害我国公民权益。

(6) 促进我国科技进步,加快我国科学技术的发展。

产品质量认证,坚持以先进的产品标准为认证依据,并通过不定期的抽查,督促企业保持产品质量,从而使申请认证和获得认证标志使用权的企业都须配置必要的检测仪器,坚持实施各类技术标准、管理标准和作业标准,并不断研究、开发、采用先进技术,提高产品质量。

(7) 加强节能减排,促进企业加强能源管理,建立和健全能源管理体系,提高企业节能管理及环境管理水平。

企业在实行质量认证过程中,必须采用先进的产品标准和质量体系标准,认证合格后,还要定期接受监督复审,否则证书要被收回,这些压力逼迫企业不断完善质量体系,这就势必推进企业强化质量管理。国内外质量认证的实践已充分证明:质量认证对促进企业完善质量体系、提高企业管理水平有明显成效。

(8) 促进行政管理方式改革,提高政府工作效率。

地方政府部门的认证可促进政务公开,确保行政程序化和规范化,提升公共服务的质量,提高政府办事效率,促进服务型政府建设。根据上海质量管理研究科学院的《认证认可对国民经济和社会发展的贡献研究》报告,认证认可对国民经济的贡献率为0.671%,对社会发展的贡献率为0.314%,这些量化的数字说明了认证认可的巨大作用。

二、国际光伏产品的市场准入要求

1. 欧美市场

(1) 美洲:以美国与加拿大为代表,测试标准分别为 UL1703 与 CSA1703,测试内容、项目、要求一致，但是美国不同地区又有区域要求。

(2) 欧洲：基本要求和最主要的要求即 TÜV 认证，除了能获得准入资质之外，还能更好地获得买家青睐以及银行贷款、融资方面的便利。

(3) 欧洲其他国家的特殊要求：主要是针对逆变器的准入标准，如英国市场的 G83 标准、德国并网要求 VDE0126 标准、意大利 DK5940 标准等。

2. 其他地区

(1) 日本：主要是 JET 认证。

(2) 韩国：主要是 KEMCO 认证(强制要求)。

(3) 其他亚非国家现在基本认可 TÜV 证书。

下面就主要介绍一下光伏领域应用最广的国内认证和国际认证：金太阳认证、TÜV 认证和 UL 认证。

三、中国金太阳光伏组件认证

开展认证要获得国家授权，目前国内获得授权的认证机构是 CQC 和 CGC。申请授权的程序如图 5-41 所示。

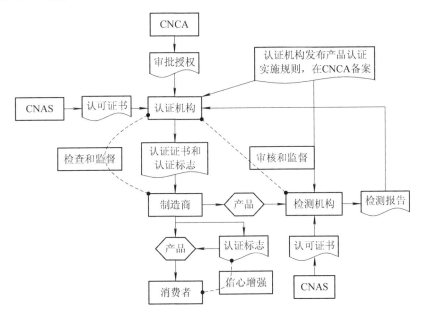

图 5-41　CQC 和 CGC 申请授权的程序

认证机构需要接受 CNCA(中国国家认证认可监督管理委员会，由国务院决定组建并授权，履行行政管理职能，负责统一管理、监督和综合协调全国认证认可工作)和 CNAS(中国合格评定国家认可委员会，由国家认证认可监督管理委员会批准设立并授权的国家认可机构，统一负责对认证机构、实验室和检查机构等相关机构的认可工作)的监督授权，只有获得授权的机构才能开展认证。制造商在认证机构申请认证，提交样品到检测机构进行型式试验获得检测报告，认证机构对制造商进行工厂检查和证后监督，保证产品质量的一致性。

目前国内获得授权的检测机构如表 5-6 所示。

表 5-6　国内获得授权的检测机构

序号	实　验　室	测 试 项 目
1	工信部化学物理电源产品质量监督检验中心(18 所)	地面用晶体硅光伏组件/地面用薄膜光伏组件/光伏系统用储能蓄电池
2	中科院太阳光伏发电系统和风力发电系统质量检测中心	地面用晶体硅光伏组件/地面用薄膜光伏组件/控制器/逆变器/独立光伏系统
3	深圳电子产品质量检测中心	地面用晶体硅光伏组件/控制器/逆变器/独立光伏系统/薄膜硅光伏组件/接线盒
4	国家太阳能光伏产品质量监督检验中心	地面用晶体硅光伏组件/地面用薄膜光伏组件/控制器、逆变器/光伏系统用储能蓄电池
5	扬州光电产品检测中心(国家重点实验室)	地面用晶体硅光伏组件/地面用薄膜光伏组件

国家金太阳工程认证要求如下:

(1) 晶体硅 PV 组件: 符合 GB/T 9535(或 IEC 61215)性能要求。

(2) 薄膜 PV 组件: 符合 GB/T 18911(或 IEC 61646)性能要求。

CQC 和 CGC 主要是根据 IEC 的要求进行认证并增加安全要求的, 具体要求如下:

(1) 晶体硅 PV 组件: 符合 IEC 61215:2005、IEC 61730-1/2 性能和安全要求。

(2) 薄膜 PV 组件: 符合 IEC 61646:2006、IEC 61730-1/2 性能和安全要求。

具体的测试方法在下一节中进行介绍。

四、TÜV 光伏组件认证

TÜV(Technischer Überwachüngs-Verein)在英语中意为技术检验协会(Technical Inspection Association)。TÜV 标志是德国 TÜV 专为元器件产品定制的一个安全认证标志, 在德国和欧洲得到广泛的接受, 主要是针对光伏组件根据 IEC 的要求进行认证。

性能要求: 晶体硅光伏组件符合 IEC 61215 标准; 薄膜光伏组件符合 IEC 61646 标准。

安全要求: 符合 IEC 61730-1、IEC 61730-2 标准。

下面就主要介绍晶体硅光伏组件的 TÜV 认证标准 IEC 61215。

IEC 61215 标准的检测项目如表 5-7 所示。

表 5-7　IEC 61215 标准的检测项目

项　目	试 验 条 件
外观检查	不低于 1000 Lux 照度下, 检查外观缺陷
最大功率确定	电池温度为 25℃, 辐照度为 1000 W/m², 太阳光谱为 AM1.5
绝缘测试	直流 1000 V 加上两倍系统电压, 持续 1 min, 直流 500 V 时的绝缘电阻不小于 50 MΩ
温度系数的测试	测量计算 α、β、γ 三个温度系数

续表

项　目	试　验　条　件
标称电池工作温度的测试 (NOCT)	太阳总辐照度为 800 W/m²；环境温度为 20℃，风速为 1 m/s，测量电池工作温度
标准测试条件和标称电池工作温度下的组件性能(STC 和 NOC)	电池温度为标称电池工作温度，辐照度为 800 W/m²，太阳光谱为 AM1.5
低辐照度下的性能	电池温度为 25℃，辐照度为 200 W/m²，太阳光谱为 AM1.5
室外暴晒试验	太阳总辐射量为 60 kW·h/m²
热斑耐久试验	在最坏热斑条件下，>700 W/m² 辐照度照射 1 h，共 5 次
紫外辐射预处理试验	UV-A 和 UV-B (280 nm~385 nm)：$\geq$15 kW·h/m² UV-B (280 nm~320 nm)：$\geq$5 kW·h/m² 组件温度： 60℃±5℃
热循环试验	从 -40℃到 85℃，循环 50 次和 200 次
湿—冻试验	从 85℃(相对湿度 85%)到-40℃，循环 10 次
湿—热试验	在 85℃(相对湿度 85%)条件下进行 1000 h
引出端强度试验	确定引线端及与组件支架的附着是否能承受正常安装和操作过程中所受的力
湿漏电流试验	组件在潮湿条件下的绝缘性能
机械载荷试验	2400 Pa 的均匀载荷依次加到前、后表面 1 h，循环 3 次
冰雹试验	25 mm 直径的冰球以 23.0 m/s 的速度撞击 11 个位置
旁路二极管热试验	75℃和 I_{sc} 下 1 h 75℃和 1.25 倍 I_{sc} 下 1 h

五、UL 光伏组件认证

UL1703 标准的检测项目如表 5-8 所示。

表 5-8　UL1703 标准的检测项目

项　目	试　验　条　件
温度测试	将组件安装于屋面上，当电池组件开路状态下达到热平衡时，测量各区域温度
电压、电流、功率测试	电池温度为 25℃，辐照度为 1000 W/m²，太阳光谱为 AM1.5
漏电流测试	施加组件系统电压，阻抗应大于 500 Ω
拉力试验	正、负极导线两端分别施加 89 N 的力(可以在任意方向施加)，作用时间为 1 分钟
压力测试	(1) 直径为 12.7 mm 钢棒施加的 89 N 的力的作用； (2) 直径为 1.6 mm 的钢棒施加的 17.8 N 的力的作用； 作用时间为 1 分钟
划伤测试	确定聚合物材料作为前、后表面的组件是否能够经受住安装和维护过程中的常规操作，而无人身电击的危险

项　目	试　验　条　件
接地电阻测试	施加大小为两倍保险丝额定电流,通过接地线端或导线和任何可导电部分。电阻用在接地线端或导线与电流注入位置处 12.7 mm 范围内的一点之间的电压降来计算。电阻不能大于 0.1 Ω
耐压测试	额定电压小于 30 V 的电池组件施加 500 V 电压,大于 30 V 的电池组件施加 1000 V+两倍系统电压的电压,维持 1 分钟,漏电流应小于 50 μA
潮湿绝缘电阻测试	面积小于 0.1 m² 或更小的模块,绝缘电阻不应该小于 400 MΩ。面积大于 0.1 m² 的模块,测量得到的单位面积绝缘电阻不应该小于 40 MΩ·m²
反向电流过载测试	施加 2 h 的反向 1.35 倍过保护电流
端子扭矩测试	按照相应的规格应该分别承受对应扭矩 10 次周期的拧紧和松弛
撞击测试	承受 6.78 J 能量的冲击试验,即使直径为 51 mm、质量为 535g 的光滑的钢球从高 1.295 m 的高空自由下落
燃烧测试	组件安装在屋顶上面或是作为建筑物屋顶结构的一部分时,按照屋顶覆盖材料耐火性试验(UL790)进行火焰蔓延试验
水喷淋测试	一个小时的喷淋后进行漏电流试验、耐压试验,需满足相应的要求
加速老化测试	经过加速老化测试后不能变形、熔化或是硬化到影响其密封性能
温度循环测试	从 –40℃到 90℃,循环 200 次
湿度测试	从 85℃(相对湿度 85%)到 –40℃,循环 10 次
热斑耐久测试	模拟最坏热斑情况下的功率消耗,100 h
电弧测试	在间隙处和电池组件在使用时电弧可能接触到的材料处施加,每一测试的位置电弧持续时间为 15 分钟
机械过载测试	向下或者向上的设计荷载为 146.5 kg/m²,或者为厂商设计的荷载值(大于 146.5 kg/m²)。所有测试时使用的荷载为设计荷载的 1.5 倍
接线盒稳固性测试	从模块上分离接线盒的拉力应不小于 155.7 N 或者为配线盒重量的 4 倍(或更大)

习　题　五

一、选择题

1. (　　)是影响光伏组件输出特性的一个重要因素。

　　A．湿度　　　　　B．风速　　　　　　C．温度　　　　　D．高度

2. 太阳能电池组件是由许多(　　)串联而成的。

　　A．硅片　　　　　B．方阵　　　　　C．太阳能电池　　　D．蓄电池

3．双玻组件是一种应用比较广泛的(　　)太阳能电池组件。

    A．建材型   B．柔性   C．不透光   D．环保型

4．在光伏组件温度不变的情况下，光电流随着光强的增长而(　　)。

    A．下降   B．线性增长   C．曲线上升   D．不变

5．在光伏组件温度不变的情况下，光照强度对光电压的影响(　　)。

    A．很小   B．不变   C．线性增长   D．曲线上升

6．在光伏组件温度不变的情况下，光伏组件的最大输出功率随(　　)的增加而增大。

    A．海拔   B．太阳辐射强度

    C．湿度   D．风速

7．在标准测试条件下，光伏组件所输出的最大功率被称为(　　)。

    A．有功功率   B．无功功率

    C．峰值功率   D．最大功率

8．一般太阳能电池组件要保证长达(　　)年的使用寿命。

    A．5   B．25   C．50   D．100

9．标准太阳能电池组件的上盖板材料通常采用(　　)。

    A．低铁钢化玻璃   B．钢化玻璃

    C．有机玻璃   D．钠铁玻璃

10．现行商业应用太阳能光伏组件主要以(　　)为主。

    A．柔性太阳能电池   B．晶硅太阳能电池

    C．薄膜电池   D．燃料敏化电池

11．层压完成的半成品已经有(　　)。

    A．功率输出   B．热量残留

    C．胶膜流出   D．高电压

12．光伏组件测试的目的是对光伏组件的(　　)进行标定。

    A．电压   B．电流

    C．输出功率   D．额定功率

二、简答题

1．简述层压的工序流程。

2．简述装框的操作过程。

3．铝边框的作用是什么？

4．背板的材料有哪些？

5．EVA 的性能指标有哪些？

第六章 光伏系统设计

本章主要介绍如何进行光伏系统设计，包括光伏系统的组成和原理、分类、容量设计、硬件设计等内容，重点介绍光伏系统的容量设计、硬件设计以及设计软件的使用。

第一节 光伏系统的组成和原理

光伏系统由以下三部分组成：第一部分为太阳能电池组件组成的方阵；第二部分由充放电控制器、逆变器、测试仪表和计算机监控等电力电子设备组成；第三部分由蓄电池或其他蓄能和辅助发电设备组成。

光伏系统具有以下特点：

(1) 没有转动部件，不产生噪音；

(2) 没有空气污染、不排放废水；

(3) 没有燃烧过程，不需要燃料；

(4) 维修保养简单，维护费用低；

(5) 运行可靠、稳定性好；

(6) 作为关键部件的太阳能电池使用寿命长，晶体硅太阳能电池寿命可达到 25 年以上；

(7) 根据需要很容易扩大发电规模。

光伏系统的应用非常广泛，光伏系统应用的基本形式可分为两大类：独立发电系统和并网发电系统。其应用领域主要为太空航空器、通信系统、微波中继站、电视差转台、光伏水泵和无电缺电地区的户用供电。随着技术的发展和世界经济可持续发展的需要，发达国家已经开始有计划地推广城市光伏并网发电，主要是建设户用屋顶光伏发电系统和 MW 级集中型大型并网发电系统等，同时在交通工具和城市照明等方面大力推广太阳能光伏系统的应用。光伏系统的规模和应用形式各异，如系统规模跨度很大，小到 $0.3 \sim 2$ W 的太阳能庭院灯，大到 MW 级的太阳能光伏电站。其应用形式也多种多样，在家用、交通、通信、空间等诸多领域都能得到广泛的应用。尽管光伏系统规模不一，但其组成结构和工作原理基本相同。图 6-1 是一个典型的供应直流负载的光伏系统示意图。其中包含了光伏系统中的几个主要部件：

(1) 光伏组件方阵。由太阳能电池组件(也称光伏电池组件)按照系统需求串、并联而成，在太阳光照射下将太阳能转换成电能输出，它是太阳能光伏系统的核心部件。

(2) 蓄电池。将太阳能电池组件产生的电能储存起来，当光照不足或处于晚上，或者负载需求大于太阳能电池组件所发的电量时，将储存的电能释放出来满足负载的能量需求。它是太阳能光伏系统的储能部件。目前太阳能光伏系统常用的是铅酸蓄电池，对于较高要求的系统，通常采用深放电阀控式密封铅酸蓄电池、深放电吸液式铅酸蓄电池等。

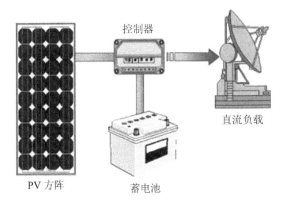

控制器

直流负载

PV 方阵 蓄电池

图 6-1 直流负载的太阳能光伏系统

(3) 控制器。它对蓄电池的充、放电条件加以规定和控制，并按照负载的电源需求控制太阳能电池组件和蓄电池对负载的电能输出，是整个系统的核心控制部分。随着太阳能光伏产业的发展，控制器的功能越来越强大，有将传统的控制部分、逆变器以及监测系统集成的趋势，如 AES 公司的 SPP 和 SMD 系列的控制器就集成了上述三种功能。

(4) 逆变器。在太阳能光伏供电系统中，如果含有交流负载，那么就要使用逆变器设备，将太阳能电池组件产生的直流电或者蓄电池释放的直流电转化为负载需要的交流电。

太阳能光伏供电系统的基本工作原理就是在太阳光的照射下，将太阳能电池组件产生的电能通过控制器的控制给蓄电池充电或者在满足负载需求的情况下直接给负载供电，如果日照不足或者在夜间则由蓄电池在控制器的控制下给直流负载供电，对于含有交流负载的光伏系统而言，还需要增加逆变器将直流电转换成交流电。光伏系统的应用具有多种形式，但其基本原理大同小异。对于其他类型的光伏系统只是在控制机理和系统部件上根据实际的需要有所不同，下面将对不同类型的光伏系统进行详细描述。

第二节 光伏系统的分类与介绍

一般将光伏系统分为独立系统、并网系统和混合系统。如果根据光伏系统的应用形式、应用规模和负载的类型，对光伏供电系统进行比较细致的划分，可将光伏系统分为如下六种类型：小型太阳能供电系统(Small DC)，简单直流系统(Simple DC)，大型太阳能供电系统(Large DC)，交流、直流供电系统(AC/DC)，并网系统(Utility Grid Connect)，混合供电系统(Hybrid)，并网混合系统。下面就每种系统的工作原理和特点进行说明。

一、小型太阳能供电系统

小型太阳能供电系统(图 6-2(a))的负载为各种民用的直流产品以及相关的娱乐设备。例如，在我国西北边远地区就大面积推广使用了这种类型的光伏系统，负载为直流节能灯、收录机和电视机等，用来解决无电地区家庭的基本照明问题。

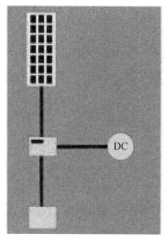 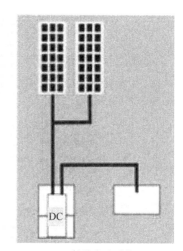

(a) 小型太阳能供电系统　　　　　　　(b) 简单直流系统

图 6-2　小型太阳能供电系统和简单直流系统

二、简单直流系统

简单直流系统(图 6-2(b))的特点是系统负载为直流负载而且对负载的使用时间没有特别的要求，负载主要是在白天使用，所以系统中没有蓄电池，也不需要控制器。该系统结构简单，直接使用太阳能电池组件给负载供电，省去了能量在蓄电池的储存和释放过程中所造成的损失，以及控制器中的能量损失，提高了太阳能的利用效率。其常用于光伏水泵系统、白天使用的一些临时设备和旅游设施中。图 6-3 是一个简单的直流光伏水泵系统。这种系统在发展中国家的无纯净自来水供饮地区得到了广泛应用，产生了良好的社会效益。

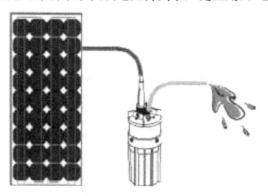

图 6-3　简单的直流光伏水泵系统

三、大型太阳能供电系统

与上述两种光伏系统相比，大型太阳能供电系统(图 6-4)仍适用于直流电源系统，但是这种太阳能光伏系统的负载功率较大，为了保证可靠地给负载提供稳定的电力供应，其相应的系统规模也较大，需要配备较大的太阳能电池组件阵列和较大的蓄电池组，常应用于通信、遥测、监测设备电源，农村的集中供电站，航标灯塔、路灯等领域。我国在西部地区实施的"光明工程"中，一些无电地区建设的部分乡村光伏电站就是采用的这种形式；中国移动和中国联通公司在偏僻无电网地区建设的通信基站也采用了这种光伏系统。

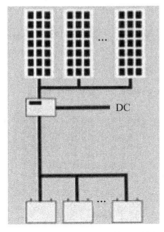

图 6-4 大型太阳能供电系统

四、交流、直流供电系统

与上述的三种太阳能光伏系统不同的是，交流、直流供电系统(图 6-5)能够同时为直流和交流负载提供电力，在系统结构上比上述三种系统多了逆变器，用于将直流电转换为交流电以满足交流负载的需求。通常这种系统的负载耗电量也比较大，从而系统的规模也较大。在一些同时具有交流和直流负载的通信基站和其他一些含有交、直流负载的光伏电站中得到了应用。

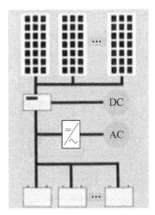

图 6-5 交流、直流供电系统

五、并网系统

并网系统(图 6-6)最大的特点是太阳能电池组件产生的直流电经过并网逆变器转换成符合市电电网要求的交流电之后直接接入公共电网。并网系统中光伏方阵所产生的电力除了供给交流负载外，多余的电力反馈给电网。在阴雨天或夜晚，太阳能电池组件没有产生电能或者产生的电能不能满足负载需求时就由电网供电。由于直接将电能输入电网，免除了配置蓄电池，省掉了蓄电池储能和释放的过程，可以充分利用光伏方阵所发的电力，从而减小了能量的损耗，降低了系统的成本。但是该系统中需要专用的并网逆变器，以保证输出的电力满足电网电力对电压、频率等电性能指标的要求。因为逆变器效率的问题，还是会有部分能量损失。这种系统通常能够并行使用市电和太阳能电池组件阵列作为本地交流负载的电源，降低了整个系统的负载缺电率。同时，并网光伏系统可以对公用电网起到调峰作用。但是并网光伏供电系统作为一种分散式发电系统，对传统的集中供电系统的电网会产生一些不良的影响，如谐波污染、孤岛效应等。

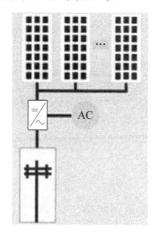

图 6-6　并网系统

六、混合供电系统

混合供电系统(图 6-7)中除了使用太阳能电池组件阵列之外，还使用了燃油发电机作为备用电源。使用混合供电系统的目的是综合利用各种发电技术的优点，避免各自的缺点。比如，上述几种独立光伏系统的优点是维护少，缺点是能量输出依赖于天气，不稳定。

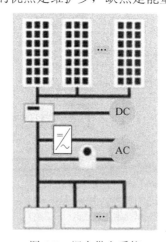

图 6-7　混合供电系统

综合使用柴油发电机和太阳能电池组件的混合供电系统与单一能源的独立系统相比，所提供的能源对天气的依赖性要小，其优点是：

(1) 使用混合供电系统可以达到对可再生能源的更好利用。因为可再生能源是变化的、不稳定的，所以系统必须按照能量产生最少的时期进行设计。由于系统是按照最差的情况进行设计的，所以在其他的时间系统的容量会过大，在太阳辐照最高峰时期产生的多余能量没法使用而白白浪费了，整个独立系统的性能就因此而降低了。如果最差月份的情况和其他月份差别很大，有可能导致浪费的能量等于甚至超过设计负载的需求。

(2) 具有较高的系统实用性。在独立系统中因为可再生能源的变化和不稳定会导致系统出现供电不能满足负载需求的情况，也就是存在负载缺电情况，使用混合系统则会大大地降低负载缺电率。

(3) 和仅用柴油发电机的系统相比，所需维护和燃料均较少。

(4) 较高的燃油效率。在低负荷的情况下，柴油机的燃油利用率很低，会造成燃油的浪费。在混合系统中可以进行综合控制，使得柴油机在额定功率附近工作，从而提高燃油效率。

(5) 负载匹配更佳。使用混合系统之后，因为柴油发电机可以即时提供较大的功率，所以混合系统可以适用于范围更加广泛的负载系统，例如可以使用较大的交流负载、冲击载荷等。还可以更好地匹配负载和系统的发电，只要在负载的高峰时期打开备用能源即可简单地办到。有时负载的大小决定了需要使用混合系统，大的负载需要很大的电流和很高的电压，如果只是使用太阳能成本就会很高。

混合系统的缺点是：

(1) 控制比较复杂。因为使用了多种能源，所以系统需要监控每种能源的工作情况，处理各个子能源系统之间的相互影响，协调整个系统的运作，这样就导致其控制系统比独立系统复杂，现在多使用微处理芯片进行系统管理。

(2) 初期工程较大。混合系统的设计、安装、施工工程都比独立工程要大。

(3) 比独立系统需要更多的维护。油机的使用需要很多的维护工作，比如更换机油滤清器、燃油滤清器、火花塞等，还需要给油箱添加燃油等。

(4) 产生污染和噪音。光伏系统是无噪音、无排放的洁净能源利用，但是因为混合系统中使用了柴油机，这样就不可避免地产生噪音和污染。

很多在偏远无电地区的通信电源和民航导航设备电源，因为对电源的要求很高，都采用了混合系统供电，以求达到最好的性价比。我国新疆、云南建设的很多乡村光伏电站就是采用了光—柴混合系统。

七、并网混合供电系统

随着太阳能光伏产业的发展，出现了可以综合利用太阳能光伏阵列、市电和备用油机的并网混合供电系统。这种系统通常是控制器和逆变器集成一体化，使用电脑芯片全面控制整个系统的运行，综合利用各种能源，达到最佳的工作状态，并可以配备蓄电池，进一步提高系统的负载供电保障率，例如 AES 的 SMD 逆变器系统。该系统可以为本地负载提供合格的电源，并可以作为一个在线 UPS(不间断电源)工作。它可向电网供电，也可从电网获得电力，是个双向逆变/控制器。该系统的工作方式是市电和光伏电源并行工作，对于本地负载而言，如果太阳能电池组件产生的电能足够负载使用，它将直接使用太阳能电池组件产生的电能。如果太阳能电池组件产生的电能超过即时负载的需求，则将多余的电能返回给电网；如果太阳能电池组件产生的电能不够用，则将自动启用市电，使用市电供给本地负载。当本地负载功耗小于 SMD 逆变器额定市电容量的 60% 时，市电就会自动给蓄电池充电，保证蓄电池长期处于浮充状态；如果市电产生故障，即市电停电或者市电的供电品质不合格，系统就会自动断开市电，转成独立工作模式，由蓄电池和逆变器提供负载所需的交流电能。一旦市电恢复正常，即电压和频率都恢复到正常状态，系统就会断开蓄电池，改为并网模式工作，由市电供电。有的并网混合供电系统中还可以将系统监控、控制和数据采集功能集成到控制芯片中。

第三节　光伏系统的容量设计

一、光伏系统的特点

光伏系统所具有的独特优越性如下：
(1) 无枯竭危险；
(2) 绝对干净(无污染，除蓄电池外)；
(3) 不受资源分布地域的限制；
(4) 可在用电处就近发电；
(5) 能源质量高；
(6) 使用者从感情上容易接受；
(7) 获取能源花费的时间短；
(8) 供电系统工作可靠。
其不足之处如下：
(1) 照射的能量分布密度小；
(2) 获得的能源与四季、昼夜及阴晴等气象条件有关；
(3) 造价比较高。

二、光伏系统的容量设计

光伏系统的设计包括两个方面：容量设计和硬件设计。

光伏系统容量设计的主要目的是计算出系统在全年内可靠工作所需的太阳能电池组件和蓄电池的数量。同时要注意协调系统工作的最大可靠性和系统成本两者之间的关系，在满足系统工作的最大可靠性基础上尽量减少系统成本。光伏系统硬件设计的主要目的是根据实际情况选择合适的硬件设备，包括太阳能电池组件的选型、支架设计、逆变器的选择、电缆的选择、控制测量系统的设计、防雷设计和配电系统的设计等。在进行系统设计的时候需要综合考虑系统的软件和硬件两个方面。

针对不同类型的光伏系统，软件设计的内容也不一样。独立系统、并网系统和混合系统的设计方法和考虑的重点都会有所不同。

在进行光伏系统的设计之前，要了解并获取一些进行计算的基本数据：光伏系统现场的地理位置，包括地点、纬度、经度和海拔；该地区的气象资料，包括逐月的太阳能总辐射量、直接辐射量以及散射辐射量，年平均气温和最高、最低气温，最长连续阴雨天数，最大风速以及冰雹、降雪等特殊气象情况等。

三、独立光伏系统软件设计

光伏系统软件设计的内容包括负载用电量的估算，太阳能电池组件数量和蓄电池容量的计算以及太阳能电池组件安装最佳倾角的计算。因为太阳能电池组件数量和蓄电池容量是光伏系统软件设计的关键，所以这里将着重讲述计算与选择太阳能电池组件和蓄电池的方法。

需要说明的一点是，在系统设计中，并不是所有的选择都依赖于计算，有些时候需要设计者自己作出判断和选择。计算的技巧很简单，设计者对负载的使用效率和恰当性作出正确的判断才是得到一个符合成本效益的良好设计的关键。

1．设计的基本原理

太阳能电池组件设计的一个主要原则就是要满足平均天气条件下负载的每日用电需求。因为天气条件有低于和高于平均值的情况，所以要保证太阳能电池组件和蓄电池在天气条件有别于平均值的情况下协调工作。蓄电池在数天的恶劣气候条件下，其荷电状态(SOC)将会降低很多。在太阳能电池组件大小的设计中不要考虑尽可能快地给蓄电池充满电，这样会导致太阳能电池组件过大，使得系统成本过高。在一年中的绝大部分时间里太阳能电池组件的发电量会远远大于负载的使用量，从而造成太阳能电池组件不必要的浪费。蓄电池的主要作用是在太阳辐射低于平均值的情况下给负载供电，而在随后太阳辐射高于平均值的天气情况下，太阳能电池组件就会给蓄电池充电。

设计太阳能电池组件要满足光照最差季节的需要。在进行太阳能电池组件设计的时候，首先要考虑的问题就是设计的太阳能电池组件的输出要等于全年负载需求的平均值，这时，太阳能电池组件将提供负载所需的所有能量。但这也意味着每年有将近一半的时间里蓄电池处于亏电状态，蓄电池长时间内处于亏电状态将使得蓄电池的极板硫酸盐化。而在独立光伏系统中没有备用电源在天气较差的情况下给蓄电池进行再充电，这样蓄电池的使用寿命和性能将会受到很大的影响，整个系统的运行费用也将大幅度增加。太阳能电池组件设计中较好的办法是使太阳能电池组件能满足光照最恶劣季节里的负载需要，也就是要保证在光照最差的情况下蓄电池也能够被完全充满电。这样蓄电池全年都能达到全满状态，可延长蓄电池的使用寿命，减少维护费用。

在全年光照最差的季节，光照度大大低于平均值，如果在这种情况下仍然按照最差情况考虑设计太阳能电池组件的大小，那么所设计的太阳能电池组件在一年中的其他时候就会远远超过实际所需，而且成本高昂。这时就可以考虑使用带有备用电源的混合系统。但是对于很小的系统，安装混合系统的成本会很高；而在偏远地区，使用备用电源的操作和维护费用也相当高，所以设计独立光伏系统的关键就是选择成本效益最好的方案。

2．蓄电池设计方法

蓄电池的设计思想是保证在太阳光照连续低于平均值的情况下负载仍可以正常工作。

我们可以设想蓄电池是充满电的，在光照度低于平均值的情况下，太阳能电池组件产生的电能不能完全填满由于负载从蓄电池中消耗能量而产生的空缺，这样在第一天结束的时候，蓄电池就会处于未充满状态。如果第二天光照度仍然低于平均值，蓄电池就仍然要放电以供给负载的需要，蓄电池的荷电状态继续下降。接下来的第三天第四天可能会有同样的情况发生。为了避免蓄电池的损坏，这样的放电过程只能够允许持续一定的时间，直到蓄电池的荷电状态到达指定的危险值。为了量化评估这种太阳光照连续低于平均值的情况，在进行蓄电池设计时，需要引入一个不可缺少的参数——自给天数，即系统在没有任何外来能源的情况下负载仍能正常工作的天数。这个参数让系统设计者能够选择所需使用的蓄电池容量大小。

一般来讲，自给天数的确定与两个因素有关：负载对电源的要求程度；光伏系统安装地点的气象条件，即最大连续阴雨天数。通常可以将光伏系统安装地点的最大连续阴雨天数作为系统设计中使用的自给天数，但还要综合考虑负载对电源的要求。对于负载对电源要求不是很严格的光伏应用系统，在设计中通常取自给天数为 3～5 天。对于负载要求很严格的光伏应用系统，在设计中通常取自给天数为 7～14 天。所谓负载要求不严格的系统通常是指用户可以稍微调节一下负载需求即可适应恶劣天气带来的不便，而严格系统指的是用电负载比较重要，如通信、导航或者重要的健康设施(医院、诊所等)。此外还要考虑光伏系统的安装地点，如果在很偏远的地区，必须设计较大的蓄电池容量，因为维护人员要到达现场需要花费很长时间。

光伏系统中使用的蓄电池有镍氢、镍镉电池和铅酸蓄电池，在较大的系统中考虑到技术成熟性和成本等因素，通常使用铅酸蓄电池。在下面内容中涉及到的蓄电池如没有特别说明则指的都是铅酸蓄电池。

蓄电池的设计包括蓄电池容量的设计和蓄电池组的串并联设计。

首先，给出计算蓄电池容量的基本方法。

1) 基本公式

(1) 将每天负载需要的用电量乘以根据实际情况确定的自给天数就可以得到初步的蓄电池容量。

(2) 将第(1)步得到的蓄电池容量除以蓄电池的允许最大放电深度(因为不能让蓄电池在自给天数中完全放电，所以需要除以最大放电深度)，得到所需要的蓄电池容量。最大放电深度的选择需要参考光伏系统中选择使用的蓄电池的性能参数，可以从蓄电池供应商得到详细的有关该蓄电池最大放电深度的资料。通常情况下，如果使用的是深循环型蓄电池，推荐使用 80%的放电深度(DOD)；如果使用的是浅循环蓄电池，推荐使用 50%的放电深度。设计蓄电池容量的基本公式如下：

$$蓄电池容量 = \frac{自给天数 \times 日平均负载}{最大放电深度} \tag{6-1}$$

下面介绍确定蓄电池串并联的方法。每个蓄电池都有它的标称电压，为了达到负载工作的标称电压，将蓄电池串联起来给负载供电。需要串联的蓄电池的个数等于负载的标称电压除以蓄电池的标称电压：

$$串联蓄电池数 = \frac{负载标称电压}{蓄电池标称电压} \qquad (6\text{-}2)$$

为了说明上述基本公式的应用，我们以一个小型的交流光伏应用系统为例。假设该光伏系统交流负载的耗电量为 10 kWh/d，如果在该光伏系统中，选择使用的逆变器的效率为 90%，输入电压为 24 V，那么可得所需的直流负载需求为 462.96 Ah/d(10 000 Wh ÷ 0.9 ÷ 24 V = 462.96 Ah)。假设这是一个负载对电源要求并不很严格的系统，使用者可以比较灵活地根据天气情况调整用电。如果选择 5 天的自给天数，并使用深循环电池，放电深度为 80%，那么

$$蓄电池容量 = 5\,d \times \frac{462.96\ Ah}{0.8} = 2893.51\ Ah$$

如果选用 2 V/400 Ah 的单体蓄电池，那么需要串联的电池数为

$$串联蓄电池数 = \frac{24\ V}{2\ V} = 12\,(个)$$

需要并联的蓄电池数为

$$并联蓄电池数 = \frac{2893.51}{400} = 7.23$$

这里取整数 8，则该系统需要使用 2 V/400 Ah 的蓄电池个数为

$$12(串联) \times 8(并联) = 96\,(个)$$

再以一个纯直流系统为例：一个乡村小屋的光伏供电系统。该小屋只在周末使用，可以使用低成本的浅循环蓄电池，以降低系统成本。该小屋的负载为 90 Ah/d，系统电压为 24 V。若选择自给天数为 2 天，蓄电池允许的最大放电深度为 50%，那么

$$蓄电池容量 = 2\,d \times \frac{90\ Ah}{0.5} = 360\ Ah$$

如果选用 12 V/100 Ah 的蓄电池，那么需要该蓄电池的数量为

$$2(串联) \times 4(并联) = 8\,(个)$$

2) 设计修正

以上给出的只是蓄电池容量的基本估算方法，在实际情况中还有很多性能参数会对蓄电池容量和使用寿命产生很大的影响。为了得到正确的蓄电池容量，上面的基本方程必须加以修正。

对于蓄电池，其容量不是一成不变的，蓄电池的容量与两个重要因素相关：蓄电池的放电率和环境温度。

(1) 蓄电池的放电率。

蓄电池的容量随着放电率的改变而改变，随着放电率的降低，蓄电池的容量会相应增加，这样就会对容量设计产生影响。进行光伏系统设计时要为所设计的系统选择恰当放电率下的蓄电池容量。通常，生产厂家提供的是蓄电池额定容量为 10 小时放电率下的蓄电池容量，但是在光伏系统中，由于蓄电池中存储的能量主要是为了满足自给天数中的负载需求，蓄电池放电率通常较慢。光伏供电系统中蓄电池典型的放电率为 100～200 小时。在设计时要用到蓄电池技术中常用的平均放电率的概念。光伏系统的平均放电率公式如下：

$$平均放电率(小时) = \frac{自给天数 \times 负载工作时间}{最大放电深度} \qquad (6\text{-}3)$$

式中的负载工作时间可以用下述方法估计：对于只有单个负载的光伏系统，负载的工作时间就是实际负载平均每天工作的小时数；对于有多个不同负载的光伏系统，负载的工作时间可以使用加权平均负载工作时间，加权平均负载工作时间的计算方法为

$$加权平均负载工作时间 = \frac{\sum 负载功率 \times 负载工作时间}{\sum 负载功率} \qquad (6\text{-}4)$$

根据以上两式就可以计算出光伏系统的实际平均放电率，根据蓄电池生产商提供的该型号电池在不同放电速率下的蓄电池容量，就可以对蓄电池的容量进行修正。

(2) 环境温度。

蓄电池的容量会随着蓄电池温度的变化而变化，当蓄电池温度下降时，蓄电池的容量会下降。通常，铅酸蓄电池的容量是在 25℃时标定的。随着温度的降低，0℃时的容量大约下降到额定容量的 90%，而在−20℃的时候大约下降到额定容量的 80%，所以必须考虑蓄电池的环境温度对其容量的影响。

如果光伏系统安装地点的气温很低，就意味着按照额定容量设计的蓄电池容量在该地区的实际使用容量会降低，也就无法满足系统负载的用电需求，在实际工作中会导致蓄电池的过放电，减少蓄电池的使用寿命，增加维护成本。这样，设计时需要的蓄电池容量就要比标准情况(25℃)下根据蓄电池参数计算出来的容量要大，只有选择安装相对于 25℃时所计算容量多的容量，才能够保证蓄电池在温度低于 25℃时还能完全提供所需的能量。

蓄电池生产商一般会提供相关的蓄电池温度—放电率—容量曲线(图 6-8)。在该曲线上可以查到对应温度的蓄电池容量修正系数，除以蓄电池容量修正系数就能对上述的蓄电池容量初步计算结果加以修正。图 6-8 是一个典型的温度—放电率—容量变化曲线。

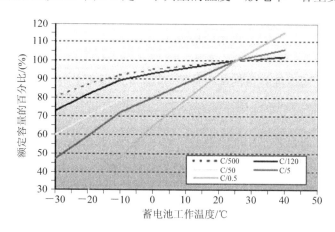

图 6-8 蓄电池温度—放电率—容量曲线

因为低温的影响，在蓄电池容量设计时还必须考虑的一点是修正蓄电池的最大放电深度，以防止蓄电池在低温下凝固失效，造成蓄电池的永久损坏。铅酸蓄电池中的电解液在低温下可能会凝固，随着蓄电池的放电，蓄电池中不断生成的水稀释电解液，导致蓄电池电解液的凝结点不断上升，直到纯水的 0℃。在寒冷的气候条件下，如果蓄电池放电过多，

随着电解液凝结点的上升，电解液就可能凝结，从而损坏蓄电池。即使系统中使用的是深循环工业用蓄电池，其最大的放电深度也不要超过 80%。图 6-9 给出了一般的铅酸蓄电池的最大放电深度和蓄电池温度的关系，系统设计时可以参考该图得到所需的调整因子。

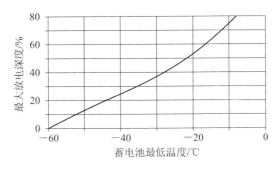

图 6-9　一般的铅酸蓄电池最大放电深度—温度曲线

在设计时要使用光伏系统所在地区的最低平均温度，然后从图 6-9 或者是由蓄电池生产商提供的蓄电池最大放电深度—温度关系图上找到该地区使用蓄电池的最大允许放电深度。通常，只是在温度低于-8℃度时才考虑进行校正。

3) 完整的蓄电池容量设计计算

考虑到以上所有的计算修正因子，可以得到如下蓄电池容量的最终计算公式：

$$蓄电池容量(指定放电率) = \frac{自给天数 \times 日平均负载}{最大允许放电深度 \times 温度修正因子} \qquad (6-5)$$

(1) 最大允许放电深度：一般而言，浅循环蓄电池的最大允许放电深度为 50%，而深循环蓄电池的最大允许放电深度为 80%。如果在严寒地区，就要考虑到低温防冻问题，对此进行必要的修正。设计时可以适当地减小这个值扩大蓄电池的容量，以延长蓄电池的使用寿命。例如，如果使用深循环蓄电池，进行设计时，将使用的蓄电池容量最大可用百分比定为 60%而不是 80%，这样既可以提高蓄电池的使用寿命，减少蓄电池系统的维护费用，同时又对系统初始成本不会有太大的冲击。根据实际情况可对此进行灵活处理。

(2) 温度修正系数：当温度降低的时候，蓄电池的容量将会减少。温度修正系数的作用就是保证安装的蓄电池容量要大于按照 25℃标准情况计算出来的容量值，从而使得设计的蓄电池容量能够满足实际负载的用电需求。

(3) 指定放电率：指定放电率是考虑到慢的放电率将会从蓄电池得到更多的容量。使用供应商提供的数据，可以选择适于设计系统的在指定放电率下的合适蓄电池容量。在没有详细的有关容量—放电速率资料的情况下，可以粗略地认为，在慢放电率(C/100 到 C/300)的情况下，蓄电池的容量要比标准状态多 30%。

例如，建立一套光伏供电系统给一个偏远的通讯基站供电，该系统的负载有两个：负载一，工作电流为 1 A，每天工作 24 h；负载二，工作电流为 5 A，每天工作 12 h。该系统所处地点的 24 小时平均最低温度为-20℃，系统的自给时间为 5 d。使用深循环工业用蓄电池(最大 DOD 为 80%)。

因为该光伏系统所在地区的 24 小时平均最低温度为-20℃，所以必须修正蓄电池的最大允许放电深度。由最大放电深度—蓄电池温度的关系图可以确定最大允许放电深度为 50%。所以，

$$加权平均负载工作时间 = \frac{5\,A \times 8\,h + 10\,A \times 6\,h}{5\,A + 10\,A} = 6.67\,h$$

$$平均放电率 = \frac{5\,d \times 6.67\,h}{0.5} = 66.7\,小时率$$

根据典型的温度—放电率—容量变化曲线，与平均放电率计算数值最为接近的放电率为 50 小时率，–20℃时在该放电率下所对应的温度修正系数为 0.7(也可以根据供应商提供的性能表进行查询)。如果计算出来的放电率在两个数据之间，那么选择较快的放电率(短时间)比较可靠。因此蓄电池容量为

$$蓄电池容量 = \frac{5 \times (5\,A \times 8\,h + 10\,A \times 6\,h)}{0.5 \times 0.7} = 1428.57\,Ah \qquad (在50小时的放电率)$$

根据供应商提供的蓄电池参数表，可以选择合适的蓄电池进行串并联，构成所需的蓄电池组。

4) 蓄电池组并联设计

当计算出了所需的蓄电池的容量后，接着就是选择单体蓄电池数，加以并联得到所需的蓄电池容量。有多种选择，例如，如果计算出来的蓄电池容量为 500 Ah，那么可以选择一个 500 Ah 的单体蓄电池，也可以选择两个 250 Ah 的蓄电池并联，还可以选择 5 个 100 Ah 的蓄电池并联。从理论上讲，这些选择都可以满足要求，但是在实际应用中要尽量减少并联数目。也就是说最好选择大容量的蓄电池以减少所需的并联数目。这样做是为了尽量减少蓄电池之间的不平衡所造成的影响，因为一些并联的蓄电池在充放电的时候可能会发生并联的蓄电池不平衡的现象。并联的组数越多，发生蓄电池不平衡的可能性就越大。一般来讲，建议并联的数目不要超过 4 组。

目前，很多光伏系统采用的是两组并联模式。这样，如果有一组蓄电池出现故障，不能正常工作，就可以将该组蓄电池断开进行维修，而使用另外一组正常的蓄电池，虽然电流有所下降，但系统还能保持在标称电压正常工作。总之，蓄电池组的并联设计需要考虑不同的实际情况，根据不同的需要作出不同的选择。

3. 光伏组件方阵设计

1) 基本公式

在前面的章节中，我们讲述了光伏供电系统中蓄电池的设计方法。下面将讲述如何设计太阳能电池组件的大小。太阳能电池组件设计的基本思想就是满足年平均日负载的用电需求。计算太阳能电池组件的基本方法是用负载平均每天所需要的能量(安时数)除以一块太阳能电池组件在一天中可以产生的能量(安时数)，这样就可以算出系统需要并联的太阳能电池组件数，使用这些组件并联就可以产生系统负载所需要的电流。将系统的标称电压除以太阳能电池组件的标称电压，就可以得到需要串联的太阳能电池组件数，将这些太阳能电池组件串联就可以产生系统负载所需要的电压。其基本计算公式如下：

$$并联组件数量 = \frac{日平均负载(Ah)}{组件日输出(Ah)} \tag{6-6}$$

$$串联组件数量 = \frac{系统电压(V)}{组件电压(V)} \tag{6-7}$$

2) 光伏组件方阵设计的修正

太阳能电池组件的输出，会因一些外在因素的影响而降低，根据上述基本公式计算出的太阳能电池组件，在实际情况下通常不能满足光伏系统的用电需求，为了得到更加正确的结果，有必要对上述基本公式进行修正。

(1) 将太阳能电池组件的输出降低 10%。在实际工作中，太阳电池组件的输出会因外在环境的影响而降低。泥土、灰尘的覆盖和组件性能的慢慢衰变都会降低太阳能电池组件的输出。通常的做法是在计算的时候减少太阳能电池组件输出的 10%来解决上述的不可预知和不可量化的因素。我们可以将这看成是光伏系统设计时需要考虑的工程上的安全系数。又因为光伏供电系统的运行还依赖于天气状况，所以有必要对这些因素进行评估和技术估计，因此设计上留有一定的余量将使系统可以长期正常使用。

(2) 将负载增加 10%以应付蓄电池的库仑效率。在蓄电池的充放电过程中，铅酸蓄电池会电解水，产生气体逸出，也就是说太阳能电池组件产生的电流中将有一部分不能转化储存起来，而是耗散掉。所以可以认为必须有一小部分电流用来补偿损失，我们用蓄电池的库仑效率来评估这种电流损失。不同的蓄电池其库仑效率不同，通常可以认为有 5%～10%的损失，所以保守设计中有必要将太阳能电池组件的功率增加 10%来抵消蓄电池的耗散损失。

3) 完整的太阳能电池组件设计计算

考虑到上述因素，必须修正简单的太阳能电池组件设计公式，将每天的负载除以蓄电池的库仑效率，这样就增加了每天的负载，实际上给出了太阳能电池组件需要负担的真正负载；将衰减因子乘以太阳能电池组件的日输出，这样就考虑了环境因素和组件自身衰减造成的太阳能电池组件日输出的减少，给出了一个在实际情况下太阳能电池组件输出的保守估计值。综合考虑以上因素，可以得到下面的计算公式：

$$并联组件数量 = \frac{日平均负载(Ah)}{库仑效率 \times (组件日输出(Ah) \times 衰减因子)} \tag{6-8}$$

$$串联组件数量 = \frac{系统电压(V)}{组件电压(V)} \tag{6-9}$$

利用上述公式进行太阳能电池组件的设计计算时，还要注意以下问题：

(1) 考虑季节变化对光伏系统输出的影响，逐月进行设计计算。对于全年负载不变的情况，太阳能电池组件的设计计算是基于辐照最低的月份。如果负载的工作情况是变化的，即每个月份的负载对电力的需求不一样，那么在设计时采取的最好方法就是按照不同的季节或者每个月份分别来进行计算，计算出的最大太阳能电池组件数目就为所求。通常在夏季、春季和秋季，太阳能电池组件的电能输出相对较多，而冬季相对较少，但是负载的需求也可能在夏季比较大，所以在这种情况下只是用年平均或者某一个月份进行设计计算是不准确的，因为为了满足每个月份负载需求而需要的太阳能电池组件数是不同的，那么就必须按照每个月所需要的负载算出该月所必需的太阳能电池组件。其中的最大值就是一年中所需要的太阳能电池组件数目。例如，如果计算出冬季需要的太阳能电池组件数是 10 块，但是在夏季可能只需要 5 块，为了保证系统全年的正常运行，就不得不安装较大数量的太阳能电池组件即 10 块组件来满足全年的负载需要。

(2) 根据太阳能电池组件电池片的串联数量选择合适的太阳能电池组件。太阳能电池组件的日输出与太阳能电池组件中电池片的串联数量有关。太阳能电池在光照下的电压会随着温度的升高而降低，从而导致太阳能电池组件的电压会随着温度的升高而降低。根据这一物理现象，太阳能电池组件生产商根据太阳能电池组件工作的不同气候条件，设计了不用的组件：36 片串联组件与 33 片串联组件。

36 片太阳能电池组件主要适用于高温环境，36 片太阳能电池组件的串联设计使得太阳能电池组件即使在高温环境下也可以在 I_{mp} 附近工作。通常，使用的蓄电池系统电压为 12 V，36 片串联就意味着在标准条件(25℃)下太阳能电池组件的 U_{mp} 为 17 V，大大高于充电所需的 12 V 电压。当这些太阳能电池组件在高温下工作时，由于高温太阳能电池组件的损失电压约为 2 V，这样 U_{mp} 为 15 V，即使在最热的气候条件下也足以给各种类型的蓄电池充电。36 片串联的太阳能电池组件最好应用在炎热地区，也可以使用在安装了峰值功率跟踪设备的系统中，这样可以最大限度地发挥太阳能电池组件的潜力。

33 片串联的太阳能电池组件适宜于在温和气候环境下使用。33 片串联就意味着在标准条件(25℃)下太阳能电池组件的 U_{mp} 为 16 V，稍高于充电所需的 12 V 电压。当这些太阳能电池组件在 40℃～45℃下工作时，由于高温导致太阳能电池组件损失电压约 1 V，这样 U_{mp} 为 15 V，也足以给各种类型的蓄电池充电。但如果在非常热的气候条件下工作，太阳能电池组件电压就会降低更多。如果到 50℃或者更高，电压会降低到 14 V 或者以下，就会发生电流输出降低。这样对太阳能电池组件没有害处，但是产生的电流就不够理想，所以 33 片串联的太阳能电池组件最好用在温和气候条件下。

(3) 使用峰值小时数的方法估算太阳能电池组件的输出。太阳能电池组件的输出是在标准状态下标定的，但在实际使用中，日照条件以及太阳能电池组件的环境条件不可能与标准状态完全相同，因此有必要找出一种可以利用太阳能电池组件额定输出和气象数据来估算实际情况下太阳能电池组件输出的方法，我们可以使用峰值小时数的方法来估算太阳能电池组件的日输出。该方法是将实际的倾斜面上的太阳能辐射转换成等同的利用标准太阳能辐射 1000 W/m^2 照射的小时数，将该小时数乘以太阳能电池组件的峰值输出就可以估算出太阳能电池组件每天输出的安时数。太阳能电池组件的输出为峰值小时数 × 峰值功率。例如，如果一个月的平均辐射为 5.0 kWh/m^2，可以将其写成 5.0 h × 1000 W/m^2，而 1000 W/m^2 正好也就是用来标定太阳能电池组件功率的标准辐射量，那么平均辐射为 5.0 kWh/m^2 就基本等同于太阳能电池组件在标准辐射下照射 5.0 小时。这当然不是实际情况，但是可以用来简化计算。因为 1000 W/m^2 是生产商用来标定太阳能电池组件功率的辐射量，所以在该辐射情况下的组件输出数值可以很容易地从生产商处得到。为了计算太阳能电池组件每天产生的安时数，可以使用峰值小时 × 太阳能电池组件的 I_{mp}。例如，假设在某个地区倾角为 30°的斜面上，月平均每天的辐射量为 5.0 kWh/m^2，则可以将其写成 5.0 h × 1000 W/m^2。对于一个典型的 75 W 太阳能电池组件，I_{mp} 为 4.4 A，就可得出每天发电的安时数为 5.0 × 4.4 A = 22.0 Ah/d。

使用峰值小时方法存在一些缺点，即在峰值小时方法中做了一些简化，导致估算结果和实际情况有一定的偏差。

首先，太阳能电池组件输出的温度效应在该方法中被忽略。在计算中对太阳能电池组件的 I_{mp} 要进行补偿。因为在工作的时候，蓄电池两端的电压通常稍低于 U_{mp}，这样太阳能电池组件的输出电流就会稍微高于 I_{mp}，使用 I_{mp} 作为太阳能电池组件的输出就会比较保守。这样，温度效应对于由较少的电池片串联的太阳能电池组件输出的影响就比对由较多的电池片串联的太阳能电池组件的输出影响要大。所以峰值小时方法对于 36 片串联的太阳能电池组件比较准确，对于 33 片串联的太阳能电池组件则较差，特别是在高温环境下。对于所有的太阳能电池组件，在寒冷气候的预计会更加准确。

其次，在峰值小时方法中，利用了气象数据中测量的总的太阳辐射，将其转换为峰值小时。实际上，在每天的清晨和黄昏，有一段时间因为辐射很低，太阳能电池组件产生的电压太小而无法供给负载使用或者给蓄电池充电，这就将导致估算偏大。通常，这一点造成的误差不是很大，但对于由较少电池片串联的太阳能电池组件的影响比较大。所以对 36 片串联的太阳能电池组件每天输出的估算就比较准确，而对于 33 片串联的太阳能电池组件的估算则较差。

再次，在利用峰值小时方法进行太阳能电池组件输出估算时默认了一个假设，即假设太阳能电池组件的输出和光照完全成线性关系，并假设所有的太阳能电池组件都会同样地把太阳辐射转化为电能。但实际上不是这样的，这种使用峰值小时数乘以电流峰值的方法有时会过高地估算某些太阳能电池组件的输出。

不过，总的来说，在已知本地倾斜斜面上太阳能辐射数据的情况下，峰值小时估计方法是一种对太阳能电池组件输出进行快速估算很有效的方法。

下面举例说明如何使用上述方法来计算光伏供电系统需要的太阳能电池组件数。

一个偏远地区建设的光伏供电系统使用直流负载，负载为 24 V，400 Ah/d。该地区最低的光照辐射是一月份，如果采用 30° 的倾角，斜面上的平均日太阳辐射为 $3.0\ kWh/m^2$，也就是相当于 3 个标准峰值小时。对于一个典型的 75 W 太阳能电池组件，每天的输出为

$$组件日输出 = 3.0\ 峰值小时 \times 4.4\ A = 13.2\ Ah/d$$

假设蓄电池的库仑效率为 90%，太阳能电池组件的输出衰减为 10%。根据上述公式，

$$并联组件数量 = \frac{日平均负载(Ah)}{库仑效率 \times (组件日输出(Ah) \times 衰减因子)}$$
$$= \frac{400(Ah)}{0.9 \times (13.2(Ah) \times 0.9)} = 37.4$$

$$串联组件数量 = \frac{系统电压(V)}{组件电压(V)} = \frac{24(V)}{12(V)} = 2$$

根据以上计算数据，可以选择并联组件数量为 38，串联组件数量为 2，所需的太阳能电池组件数为

$$总的太阳能电池组件数 = 2(串) \times 38(并) = 76\ 块$$

4. 蓄电池和光伏组件方阵设计的校核

对光伏组件方阵和蓄电池的设计计算进行校核，可以进一步了解系统运行中可能出现的情况，保证光伏组件方阵的设计和蓄电池的设计可以协调工作。

(1) 校核蓄电池平均每天的放电深度，保证蓄电池不会过放电。计算公式如下，但是如果自给天数很大，那么实际的每天 DOD 可能相当小，不需要进行校核计算。

$$蓄电池日放电深度 = \frac{日负载(V)}{设计蓄电池的总容量(V)}$$

$$= \frac{日负载(V)}{设计并联蓄电池数 \times 蓄电池容量(V)} \qquad (6\text{-}10)$$

如果一个光伏系统使用了 4000 Ah 的深循环蓄电池, 每天的负载为 500 Ah, 那么平均每天的 DOD 校核计算为 500 Ah/4000 Ah = 0.125<0.8。所以该系统中蓄电池不会过放电。

(2) 校核光伏组件方阵对蓄电池组的最大充电率。另外一个校核计算就是校核所设计光伏组件方阵给蓄电池的充电率。在太阳辐射处于峰值时, 光伏组件方阵对于蓄电池的充电率不能太大, 否则会损害蓄电池。蓄电池生产商将提供指定型号蓄电池的最大充电率, 计算值必须小于该最大充电率。下面给出了最大的充电率的校核公式, 用总的蓄电池容量除以总的峰值电流即可。

$$最大充电率 = \frac{设计蓄电池总容量(Ah)}{设计光伏阵列的峰值电流(A)}$$

$$= \frac{并联蓄电池数 \times 蓄电池容量(Ah)}{并联光伏组件数 \times 组件峰值电流(A)} \qquad (6\text{-}11)$$

例如, 光伏供电系统使用了 75 W 的太阳能电池组件 50 块(25(并联)×2(串联)), 工作电压为 24 V, 配备 4000 Ah 的蓄电池, 则最大充电率为

最大充电率 = 4000 Ah/25 × 4.4(75 W 组件峰值电流) = 24 h

将计算值和蓄电池生产商提供的该设计选用型号蓄电池的最大充电率进行比较, 如果计算值较小, 则设计安全, 光伏组件方阵对蓄电池的充电不会损坏蓄电池; 如果计算值较大, 则设计不合格, 需要重新进行设计。

四、计算斜面上的太阳辐射量并选择最佳倾角

在光伏供电系统的设计中, 光伏组件方阵的放置形式和放置角度对光伏系统接收到的太阳辐射有很大的影响, 从而影响到光伏供电系统的发电能力。光伏组件方阵的放置形式有固定安装式和自动跟踪式两种形式, 其中自动跟踪装置包括单轴跟踪装置和双轴跟踪装置。

与光伏组件方阵放置相关的有下列两个角度参量: 太阳能电池组件倾角和太阳能电池组件方位角。

太阳能电池组件的倾角是太阳能电池组件平面与水平地面的夹角。光伏组件方阵的方位角是方阵的垂直面与正南方向的夹角(向东偏设定为负角度, 向西偏设定为正角度)。一般在北半球, 太阳能电池组件朝向正南(即方阵垂直面与正南的夹角为 0°)时, 太阳能电池组件的发电量是最大的。

对于固定式光伏系统, 一旦安装完成, 太阳能电池组件倾角和太阳能电池组件方位角就无法改变。而安装了跟踪装置的太阳能光伏供电系统, 光伏组件方阵可以随着太阳的运行而跟踪移动, 使太阳能电池组件一直朝向太阳, 增加了光伏组件方阵接收的太阳辐射量。但是目前太阳能光伏供电系统中使用跟踪装置的相对较少, 因为跟踪装置比较复杂, 初始成本和维护成本较高, 安装跟踪装置获得额外的太阳能辐射产生的效益无法抵消安装该系统所需要的成本, 所以下面主要讲述采用固定安装的光伏系统。

固定安装的光伏系统涉及两个重要的方面，即如何选择最佳倾角以及如何计算斜面上的太阳辐射量。

地面应用的独立光伏发电系统，光伏组件方阵平面要朝向赤道，相对地平面有一定倾角。倾角不同，各个月份方阵面接收到的太阳辐射量差别很大。因此，确定方阵的最佳倾角是光伏发电系统设计中不可缺少的重要环节。目前，有的观点认为方阵倾角等于当地纬度为最佳。这样做的结果是，夏天太阳能电池组件发电量往往过盈而造成浪费，冬天时发电量又往往不足而使蓄电池处于欠充电状态，所以这不是最好的选择。也有的观点认为所取方阵倾角应使全年辐射量最弱的月份能得到最大的太阳辐射量为好，推荐方阵倾角在当地纬度的基础上再增加 $15°\sim20°$。国外有的设计手册也提出，设计月份应以辐射量最小的 12 月(在北半球)或 6 月(在南半球)作为依据。其实，这种观点也不一定妥当，这样往往会使夏季获得的辐射量过少，从而导致方阵全年得到的太阳辐射量偏小。同时，最佳倾角的概念在不同的应用中是不一样的，在独立光伏发电系统中，由于受到蓄电池荷电状态等因素的限制，要综合考虑光伏组件方阵平面上太阳辐射量的连续性、均匀性和极大性，而对于并网光伏发电系统等，通常总是要求在全年中得到最大的太阳辐射量。下面介绍对于独立光伏系统如何选择最佳倾角。

在讨论最佳倾角的选择方法之前，先介绍利用水平面上的太阳辐射计算斜面上太阳辐射的方法。因为我们需要使用的太阳辐射数据是倾斜面上的太阳辐射数据，而通常能够得到的原始气象数据是水平面上的太阳辐射数据。当太阳能电池组件倾斜放置时，原始气象数据就不能代表斜面上的实际辐射，所以必须测量斜面上的辐射数据或者采用数学方法对原始的水平面上的气象数据进行修正以得到斜面上所需的辐射数据。

1. 将水平面上的太阳辐射数据转化成斜面上的太阳辐射数据

确定朝向赤道倾斜面上的太阳辐射量，通常采用 Klein 提出的计算方法：倾斜面上的太阳辐射总量 H_t 由直接太阳辐射量 H_{bt}、天空散射辐射量 H_{dt} 和地面反射辐射量 H_{rt} 三部分所组成：

$$H_t = H_{bt} + H_{dt} + H_{rt} \tag{6-12}$$

对于确定的地点，知道全年各月水平面上的平均太阳辐射资料(总辐射量、直接辐射量或散射辐射量)后，便可以算出不同倾角的斜面上全年各月的平均太阳辐射量。下面介绍相关公式和计算模型。

计算直接太阳辐射量 H_{bt}，引入参数 R_b，R_b 为倾斜面上直接辐射量 H_{bt} 与水平面上直接辐射量 H_b 之比，

$$R_b = \frac{H_{bt}}{H_b} \tag{6-13}$$

上述公式中倾斜面与水平面上直接辐射量之比 R_b 的表达式如下：

$$R_b = \frac{\cos(L-s)\cos\delta\sin h_s' + \left(\dfrac{\pi}{180}\right)h_s'\sin(L-s)\sin\delta}{\cos L\cos\delta\sin h_s + \left(\dfrac{\pi}{180}\right)h_s\sin L\sin\delta} \tag{6-14}$$

式中，s 为太阳能电池组件倾角，δ 为太阳赤纬，h_s 为水平面上日落时角，h_s' 为倾斜面上日落时角，L 是光伏供电系统的当地纬度。

水平面上日落时角 h_s 的表达式如下：

$$h_s = \cos^{-1}(-\tan L \tan \delta) \tag{6-15}$$

倾斜面上日落时角 h'_s 的表达式如下：

$$h'_s = \min\{h_s, \cos^{-1}[-\tan(L-s)\tan\delta]\} \tag{6-16}$$

对于天空散射采用 Hay 模型。Hay 模型认为倾斜面上天空散射辐射量是由太阳光盘的辐射量和其余天空穹顶均匀分布的散射辐射量两部分组成的，可表达为

$$H_{dt} = H_d\left[\frac{H_b}{H_o}R_b + 0.5\left(1 - \frac{H_b}{H_o}\right)(1 + \cos(s))\right] \tag{6-17}$$

式中，H_b 和 H_d 分别为水平面上直接和散射辐射量。H_o 为大气层外水平面上的太阳辐射量，其计算公式如下：

$$H_o = \frac{24}{\pi}I_{sc}\left[1 + 0.033\cos\left(\frac{360n}{365}\right)\right] \cdot \left[\cos L \cos \delta \sin h_s + \left(\frac{2\pi h_s}{360}\right)\sin L \sin \delta\right] \tag{6-18}$$

式中，I_{sc} 为太阳常数，可以取 $I_{sc} = 1367 \text{ W/m}^2$。

对于地面反射辐射量 H_{rt}，其公式如下：

$$H_{rt} = 0.5\rho H(1 - \cos(s)) \tag{6-19}$$

式中，H 为水平面上的总辐射量，ρ 为地物表面反射率。一般情况下，地面反射辐射量很小，只占 H_t 的百分之几。

这样，求倾斜面上太阳辐射量的公式可改为

$$H_t = H_b R_b + H_d\left[\frac{H_b}{H_o}R_b + 0.5\left(1 - \frac{H_b}{H_o}\right)(1 + \cos(s))\right] + 0.5\rho H(1 - \cos(s)) \tag{6-20}$$

根据上面的计算公式可以将水平面上的太阳辐射数据转化成斜面上的太阳辐射数据，基本的计算步骤如下：

(1) 确定所需的倾角 s 和系统所在地的纬度 L。

(2) 找到按月平均的水平面上的太阳能辐射资料 H。

确定每个月中有代表性的一天的水平面上日落时间角 h_s 和倾斜面上的日落时间角 h'_s，这两个几何参量只和纬度和日期有关。

确定地球外的水平面上的太阳辐射，也就是大气层外的太阳辐射量 H_o，该参量取决于地球绕太阳运行的轨道。

2. 独立光伏系统最佳倾角的确定

对于负载负荷均匀或近似均衡的独立光伏系统，太阳辐射均匀性对光伏发电系统的影响很大，对其进行量化处理是很有必要的。为此，引入一个量化参数，即辐射累积偏差 δ，其数学表达式为

$$\delta = \sum_{i=1}^{12}\left|H_{t\beta} - \overline{H}_{t\beta}\right|M(i) \tag{6-21}$$

式中，$H_{t\beta}$ 是倾角为 β 的斜面上各月平均太阳辐射量，$\overline{H}_{t\beta}$ 是该斜面上年平均太阳辐射量，

$M(i)$是第 i 月的天数。可见，δ 的大小直接反映了全年辐射的均匀性，δ 愈小辐射均匀性愈好。按照负载负荷均匀或近似均衡的独立光伏系统的要求，理想情况当然是选择某个倾角，使得 $\overline{H}_{t\beta}$ 为最大值、δ 为最小值。但实际情况是，二者所对应的倾角有一定的间隔，因此选择太阳能电池组件的倾角时，只考虑 $\overline{H}_{t\beta}$ 取最大值或 δ 取最小值必然会有片面性，应当在二者所对应的倾角之间进行优选。为此，需要定义一个新的量来描述倾斜面上太阳能辐射的综合特性，称其为斜面辐射系数，以 K 表示。其数学表示式为

$$K = \frac{360\overline{H}_{t\beta} - \delta}{365\overline{H}} \tag{6-22}$$

式中，$\overline{H}$ 为水平面上的年平均太阳辐射量。由于 $\overline{H}_{t\beta}$ 和 δ 都与太阳能电池组件的倾角有关，所以当 K 取极大值时，应当有

$$\frac{\mathrm{d}K}{\mathrm{d}\beta} = 0 \tag{6-23}$$

求解上式即可求得最佳倾角。表 6-1 为利用上述方法，采用计算机进行计算，取步长为 1°，计算出来的我国部分城市对于负载负荷均匀或近似均衡的独立光伏系统的最佳倾角。

表 6-1　我国部分城市的斜面最佳辐射倾角

城　　市	纬度(ϕ)	最佳倾角
哈尔滨	45.68	$\phi+3$
长春	43.90	$\phi+1$
沈阳	41.77	$\phi+1$
北京	39.80	$\phi+4$
天津	39.10	$\phi+5$
呼和浩特	40.78	$\phi+3$
太原	37.78	$\phi+5$
乌鲁木齐	43.78	$\phi+12$
西宁	36.75	$\phi+1$
兰州	36.05	$\phi+8$
银川	38.48	$\phi+2$
西安	34.30	$\phi+14$
上海	31.17	$\phi+3$
南京	32.00	$\phi+5$
合肥	31.85	$\phi+9$
杭州	30.23	$\phi+3$
南昌	28.67	$\phi+2$
福州	26.08	$\phi+4$
济南	36.68	$\phi+6$
郑州	34.72	$\phi+7$
武汉	30.63	$\phi+7$
长沙	28.20	$\phi+6$
广州	23.13	$\phi-7$
海口	20.03	$\phi+12$
南宁	22.82	$\phi+5$
成都	30.67	$\phi+2$
贵阳	26.58	$\phi+8$
昆明	25.02	$\phi-8$
拉萨	29.70	$\phi-8$

五、混合光伏系统设计

混合光伏系统中除了使用太阳能外还有多种能量来源，常见的能源方式有风力、柴油发电机、生物质能等。混合光伏系统在使用光伏发电的基础上还要综合利用这些能源给负载供电。常见的两种混合光伏系统是风光互补供电系统和光伏油机混合系统，见图 6-10。

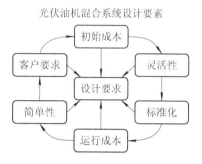

光伏油机混合系统设计要素

图 6-10　光伏油机混合系统

首先讨论风光互补供电系统。在很多地区太阳能和风能具有一定的互补性，例如青藏高原每年的 4～9 月太阳能辐射值最高，而风力资源最丰富的月份在当年的 10 月到次年的 4 月，为太阳能、风能、互补发电系统的应用提供了良好的基础。而且由于风光互补的特性使得对于独立光伏系统中必须考虑连续阴雨天或者独立的风力发电系统中必须考虑连续的无风天数而造成的蓄电池组余量偏大的问题得到缓解。但是，在进行风光互补系统设计的时候首先需要考虑风力发电的特点。

(1) 风力发电对风的速度十分敏感，远远大于光伏系统对太阳辐射的敏感程度。从理论上讲，风力发电机的输出和风速的 3 次方成正比。这样就给风力发电的设计带来一定的影响，如果估计的风速大于实际的风速，那么系统的输出就会远远小于负载的实际需求，使得系统的设计参数必须十分准确。另一方面，如果该地区的风速很高，那么使用风力发电的成本就很低了，一般而言，如果平均风速大于 4 m/s，那么风力发电的成本就会低于在光照条件很好地区的光伏系统了。但是因为风速变化很大，年度、季度以及在一天中的变化都很大，所以最好还是使用风光互补系统，减小风能对速度的敏感，从而降低对系统供电的影响。

(2) 风力发电对风机的安装位置很敏感。即使是在同一个地区，有着相同的气象条件，风力发电机坐落的位置不同，也会造成风力发电的很大区别，例如，山丘和树林都会对风力发电机坐落地点的风速产生很大影响，从而影响风力发电机的输出。

(3) 风力发电对风机叶片的安装高度很敏感。因为风速随着高度的变化会变化，在同一个安装地点，叶片 5 米高的风机的发电量和 20 米高的风机的发电量是不同的。

考虑到上述因素的影响，建议在安装风力发电站的地点进行一年时间的实地测量，以获得较为准确的数据，便于系统的设计。风光互补供电系统设计的首要问题就是寻求太阳能光电和风力混合系统在各自规模上的最佳匹配，求得既能满足功能需求且成本又最低的最佳风机容量、最佳太阳能电池组件大小和蓄电池容量。其基本的设计思路为：

① 了解实际情况，计算出系统负载的逐月日平均需求，作出日平均用电量曲线。

计算出各种规格的风力发电机、太阳能电池组件在全年各月的日均发电量，作出它们全年各月的日均发电量曲线。

② 将风力和光电两种发电方式不同规格发电装置的发电量曲线进行多种拟合。

③ 查看哪些互补组合的拟合曲线和日平均用电量曲线接近。

④ 对接近的拟合曲线进行成本估算，选择成本最低的那条曲线作为设计结果。

下面考虑光伏油机混合系统。对于没有足够风力资源的地方且负荷较大的光伏供电系统，如果考虑到要在暴风雨天气或者较长的坏天气后蓄电池不至于过放电，或者能够很快地恢复蓄电池的 SOC，我们可以采用两种方法，一种方法是采用很大的光伏系统，即很大的太阳能电池组件和很大的蓄电池容量；另外一种方法就是考虑使用混合系统，给该系统添加一个备用能源(通常是柴油机，或者汽油机)，在冬天或者在较长的坏天气里每隔几天就将蓄电池充满，在夏天备用电源可能根本就不会使用。到底是采用较大的光伏系统还是采用光伏油机混合系统，其关键因素就是系统成本。

光伏油机混合系统有更大的弹性，适合不同的系统需求，有很多种不同的方法设计混合系统。对系统进行设计时，必须在初始设计阶段作出正确的选择。在整个设计过程中必须时刻牢记整个系统的运行过程。混合系统不同部分之间的交互作用很多，设计者必须保证满足所有的重叠要求。不管按照什么方法进行设计，首先必须使光伏油机混合系统的功能恰好满足负载需求，然后综合考虑各种因素，平衡好各方面因素对系统的影响。

1. 光伏油机混合系统的设计

1) 负载工作情况

与独立光伏系统设计一样，混合系统中总载荷的确定也同样重要。对于交流负载，还需要知道频率、相数和功率因子。需要了解的不仅仅是负载的功率大小，负载每小时的工作情况都是很重要的。系统必须满足任何可能出现的峰值情况，采用确定的控制策略满足负载工作的需求。

2) 系统的总线结构

选择交流还是直流的总线取决于负载和整个系统工作的需要。如果所有的负载都是直流负载，那么就使用直流总线。如果负载大部分都是交流负载，那么就最好使用交流总线结构。如果发电机要供给一部分的交流负载，那么选择交流总线结构就比较有利。总的来说，采用交流总线需要更加复杂的控制，系统的操作也较为复杂，但是更加有效率，因为发电机产生的交流电直接供给负载，不像在直流总线结构下，发电机输出的电流需要经过整流器将交流转化为直流，然后又经过逆变器将直流转换为交流，满足交流负载的需要而产生很大的能量损失。进行设计的时候必须仔细进行这些比较，确定最佳的系统总线结构。

3) 蓄电池总线电压

在混合系统中，蓄电池的总线电压会对系统的成本和效率产生很大的影响。通常，蓄电池的总线电压应该在设备允许电压和当地的安全法规规定的电压下尽量取高的值。因为较高的电压就会降低工作电流，从而降低损失，提高系统效率(因为功率的损失与电流的平方成正比)。而且因为电缆、保险、断路器和其他的一些设备的成本都和电流的大小有关，所以较高的电压能够降低这些设备的成本。对于直流总线系统，通常负载的直流工作电压决定了总线的电压。如果有多种负载，最大的负载电压为总线电压，这样可以减少 DC/DC 滤波器的容量。对于有交流负载的系统，蓄电池电压由逆变器的输入电压决定。通常，除了最小的系统以外，其他的应该使用最小为 48 V 的电压，较大的系统应该使用 120 V 或者 240 V。目前商用的最大的光伏—柴油机混合系统为 480 V。

4) 蓄电池容量

独立光伏系统经常提供 5～7 天或更多的自给天数。对于混合系统，因为有备用能源，蓄电池通常会比较小,自给天数为 2～3 天。当蓄电池的电量下降时,系统可以启动备用能源如柴油发电机给蓄电池充电。在独立系统中,蓄电池是作为能量的储备,该能量储备必须充分以随时满足天气情况不好时的能量需求。在混合系统中,蓄电池的作用稍稍有所不同。它的作用是使得系统可以协调控制每种能源的利用。通过蓄电池的储能,系统在充分利用太阳能的同时,还可以控制发电机在最适宜的情况下工作。好的混合系统设计必须在经济性和可靠性方面把握好平衡。

5) 发电机和蓄电池充电设计

发电机和蓄电池的充电控制应该进行匹配设计,因为在混合系统中这两个部分联系紧密。首先,蓄电池的容量决定了蓄电池的充电器大小。充电器不能用过大的电流给蓄电池充电,通常最大充电率为 C/5。发电机的功率必须能够满足蓄电池充电的需要。较小的蓄电池会降低系统的初始成本,但会导致更为频繁的柴油机工作和启动,从而增加燃油消耗和柴油机维护成本。在计算发电机大小的时候还要考虑负载的能量需求和功率因数。如果系统使用的是交流总线,那么还要考虑直接接到发电机的交流负载。使用较大的发电机,会减少发电机工作的时间,但是并不一定会降低太阳能电池组件发电量占系统总发电量的百分比。减少发电机的工作时间就可以降低系统的维护成本,并且提高系统的燃油经济性。所以使用较大功率的发电机会有很多优点。理论上,可以选择发电机的功率为系统负载的75%～90%。这样就可以有比较低的系统维护成本和较高的系统燃油经济性。

在选择发电机的时候还需注意到发电机的额定功率是在特定的温度、海拔和湿度条件下测定的。如果发电机在不同的条件下工作,那么发电机的输出功率就会降低。相关资料可以从柴油机制造商处获取。一般情况下,发电机的输出功率随着海拔的升高而降低,通常每升高三百米就降低 3.5%。温度(相对额定温度,一般为 30℃)每升高 1℃,则输出功率降低 0.36%,而湿度可能导致的功率下降最高为 6%。

6) 燃油发电机发电与太阳能电池组件能量贡献的分配

在光伏—燃油发电机混合系统设计中,燃油发电机发电与太阳能电池组件能量贡献的分配非常关键,它决定了太阳能电池组件的大小和燃油发电机年度的能量贡献,直接影响到系统成本和系统工作情况。发电机提供的能量越大则所需的太阳能电池组件就越小,这样可以降低系统的初始成本,但燃油发电机的工作时间会增加,从而导致系统的维护成本和燃油消耗量升高,它是整个系统各项容量设计的基础。决定该分配需要综合考虑系统所在地的气象因素、系统成本、系统维护等各项因素。可以根据经验进行简单的估计,如果想得到精确的估计,就需要使用计算机进行过程模拟。通常认为太阳能电池组件的能量贡献应该在总负载需求的25%到75%之间,系统的初始成本和维护成本就会比较低。但是对于不同的实际情况,就需要对整个系统的效率和能量损失进行仔细考虑,对贡献比例加以修正。

在确定了燃油发电机发电与太阳能电池组件能量贡献的分配之后,就可以根据负载每年的耗电量,计算出太阳能电池组件的年度供电量和燃油发电机的年度供电量,由太阳能电池组件的年度供电量就可以计算出需要的太阳能电池组件容量,由发电机的年度供电量可以计算出每年的工作时间,从而估算燃油发电机的维护成本和燃油消耗。

7) 光伏系统倾角的设计

对于独立光伏系统,为了降低蓄电池用量和系统成本,需要在冬季获得最大的太阳能辐照量。这样就需要将太阳能电池组件的倾角设置成比当地纬度大 10°～20°。但是在混合系统中，因为备用油机可以给蓄电池充电，所以可以不考虑季节因素对太阳能电池组件的影响。太阳能电池组件的设计只需要考虑使得太阳能电池组件在全年中的输出功率最大，就可以更为有效地利用太阳能。将太阳能电池组件的倾角设置为当地的纬度就可以得到最大的太阳能辐照量。但是在设计的时候需要注意的一点是，因为在混合系统中使用的蓄电池容量比较小，在太阳辐射较强的夏季对于那些光伏能量贡献占较大比例的光伏系统就有可能无法完全储存太阳能电池组件产生的能量，会造成一定的能量浪费，从而导致系统的能源利用效率降低，影响系统的经济性。所以实际上，在太阳辐射最好的月份应该将太阳能的贡献比例控制在 90% 左右。在某些情况下，在特定的季节对能量贡献有指定的要求，这就需要对太阳能电池组件进行调节。

下面通过一个简单实例说明混合系统的设计方法。

偏远地区的一个通信基站，用户对柴油发电机的使用没有经验。负载为直流 30 A 的连续负载，电压为 48 V。一个 600 W/220 V 的交流负载，不定时使用。安装地点的海拔为1500 m，夏季的平均温度为 30℃气候很干燥，所以不必考虑湿度对发电机的影响，日平均太阳辐射为 5.5 kWh/m^2。

(1) 负载情况，负载的年度耗电量为

$$30 \text{ A} \times 48 \text{ V} = 1440 \text{ W}$$
$$1440 \text{ W} \times 24 \text{ h} = 34.56 \text{ kWh/d} = 12\ 614 \text{ kWh/y}$$

因为交流负载的工作时间很短，所以可以单独使用一套控制系统，直接将交流负载接在柴油发电机上，也就是将交流负载和直流负载分开供电，又因为直流负载是连续负载，所以系统采用直流总线结构较好。

(2) 总线电压。因为直流负载的电压为 48 V，所以选择直流总线电压为 48 V。

(3) 蓄电池。因为是混合系统，所以选择自给天数为 3 天，选择深循环蓄电池，DOD为 0.8。

$$34.6 \text{ kWh} \times \frac{3}{0.8} = 129.75 \text{ kWh}$$

$$\frac{129.75 \text{ kWh}}{48 \text{ V}} = 2703 \text{ Ah}$$

可以选择 3000 Ah 的蓄电池，作为自给 3 天的蓄电池容量。蓄电池的最大充电率为 C/5，所以最大充电电流为

$$\frac{3000}{5} = 600 \text{ A}$$

(4) 蓄电池充电器和发电机。可以选择 400 A 的三相整流器，输入功率为 24 kW。虽然电流比最大允许充电率要低一点，但实际上仍然可以满足适当的蓄电池充电率需要。

下面来确定发电机的功率。首先，计算满足 75%～90% 负载需要的发电机功率。

$$\frac{24}{0.75} = 32 \text{ kW}, \qquad \frac{24}{0.90} = 26.7 \text{ kW}$$

所以发电机功率范围为 26.7 kW～32 kW。

考虑海拔和温度的影响：

温度为

$$-0.36\%/^\circ\text{C} \times (30 - 25) = -1.8\%$$

海拔为

$$-\frac{3.5\%}{300} \times (1500 - 900) = -7.0\%$$

总计为

$$1.8\% + 7.0\% = 8.8\%$$

额定功率的下降导致发电机功率为

$$\frac{26.7}{1 - 0.088} = \frac{26.7}{0.912} = 29.3 \text{ kW}$$

所以选择 30 kW 的三相柴油发电机。

用户若不希望发电机的工作时间过长，可以选择 200 小时作为发电机一年中工作的最长时间(通常一年维修一次)。

整流器的输出为

$$400 \text{ A} \times 48 \text{ V} = 19.2 \text{ kW}$$

假设系统的额外损失为 10%，蓄电池的总效率为 80%，我们就可以计算出整流器发电机组合的能量输出为

$$200 \times 19.2 \times 0.90 \times 0.80 = 2764 \text{ kWh/y}$$

(5) 太阳能电池组件。太阳能电池组件将提供余下的能量，为

$$12\,629 - 2764 = 9865 \text{ kWh/y}$$

年平均辐射为 5.5 个峰值小时，并假设如下的系数：

高温降低因子 = 0.85；灰尘降低因子 = 0.9；蓄电池效率 = 0.8

太阳能电池组件的计算：

$$\text{太阳能电池组件(kW)} = \frac{\text{太阳能电池组件年度发电量(kWh/y)}}{\text{峰值小时数} \times 365\text{天} \times 0.85 \times 0.9 \times 0.8}$$

$$= \frac{9865}{5.5 \times 365 \times 0.85 \times 0.9 \times 0.8} = 8.03 \text{ kWp} = 8030 \text{ Wp}$$

如果使用 SM50(50 Wp)的太阳能电池组件，那么需要的总组件数为

$$\frac{8030}{50} = 160.6$$

由于太阳能电池组件的系统电压为 48 V，SM50 的标称系统工作电压为 12 V，所以太阳能电池组件的串联数为 48 V/12 V = 4，而并联数为 160.6/4 = 40.15 ≈ 41，总共 164 块。

六、并网光伏系统设计

并网系统是目前发展最为迅速的太阳能光伏应用方式。随着光伏建筑一体化的飞速发展，各种各样的光伏并网发电技术都得到了广泛的应用。光伏并网发电包括如下几种形式：

- 纯并网光伏系统
- 具有 UPS 功能的并网光伏系统
- 并网光伏混合系统

首先我们介绍确定并网光伏系统的最佳倾角。

并网光伏供电系统有着与独立光伏系统不同的特点，在有太阳光照射时，光伏供电系统向电网发电，而在阴雨天或夜晚光伏供电系统不能满足负载需要时又从电网买电。这样就不存在因倾角的选择不当而造成夏季发电量浪费、冬季对负载供电不足的问题。在并网光伏系统中唯一需要关心的问题就是如何选择最佳的倾角使太阳能电池组件全年的发电量最大。通常该倾角值为当地的纬度值。

对于上述并网光伏系统的任何一种形式，最佳倾角的选择都是需要根据实际情况进行考虑的，需要考虑太阳能电池组件安装地点的限制，尤其对于现在发展迅速的光伏建筑一体化(BIPV)工程，组件倾角的选择还要考虑建筑的美观，需要根据实际需要对倾角进行小范围的调整，而且这种调整不会导致太阳辐射吸收的大幅降低。对于纯并网光伏系统，系统中没有使用蓄电池，太阳能电池组件产生的电能直接并入电网，系统直接给电网提供电力。系统采用的并网逆变器是单向逆变器。因此系统不存在太阳能电池组件和蓄电池容量的设计问题。光伏系统的规模取决于投资大小。

目前很多的并网系统采用具有 UPS 功能的并网光伏系统，这种系统使用了蓄电池，所以在停电的时候，可以利用蓄电池给负载供电，还可以减少停电对电网造成的冲击。系统蓄电池的容量可以选择得较小，因为蓄电池只是在电网故障的时候供电，考虑到实际电网的供电可靠性，蓄电池的自给天数可以选择 1～2 天。该系统通常使用双向逆变器，处于并行工作模式。

将市电和太阳能电源并行工作。对于本地负载，如果太阳能电池组件产生的电能足够负载使用，太阳能电池组件在给负载供电的同时将多余的电能返馈给电网。

如果太阳能电池组件产生的电能不够用，则将自动启用市电给本地负载供电，市电还可以自动给蓄电池充电，保证蓄电池长期处于浮充状态，延长蓄电池的使用寿命。

如果市电发生故障，即市电停电或者市电供电品质不合格，电压超出负载可接受的范围，系统就会自动从市电断开，转成独立工作模式，由蓄电池和逆变器给负载供电。一旦市电恢复正常，即电压和频率都恢复到允许的正常状态以内，系统就会断开蓄电池，转成并网模式工作。

除了上述系统外，还有并网光伏混合系统。它不仅使用太阳能光伏发电，还使用其他能源形式，比如风力发电机、柴油机等。这样可以进一步提高负载保障率。系统是否使用蓄电池，要据实际情况而定。太阳能电池组件的容量则取决于其投资规模。

第四节　光伏系统的硬件设计

光伏系统设计中除了蓄电池容量和太阳能电池组件大小的设计之外，还要考虑如何选择合适的系统设备，即如何选择符合系统需要的太阳能电池组件、蓄电池、逆变器(带有交流负载的系统)、控制器、电缆、汇线盒、组件支架、柴油机/汽油机(光伏油机混合系统)、风力发电机(风光互补系统)，对于大型太阳能光伏供电站，还包括输配电工程部件如变压器、避雷器、负荷开关、空气断路器、交直流配电柜，以及系统的基础建设、控制机房的建设和输配电建设等问题。

上述各种设备的选取需要综合考虑系统所在地的实际情况、系统的规模、客户的要求等因素。太阳能电池组件、组件支架、蓄电池、逆变器、控制器在本书的其他章节中有详细描述，在此不再介绍。

一、电缆的选取

系统中电缆的选择主要考虑如下因素：

(1) 电缆的绝缘性能；

(2) 电缆的耐热阻燃性能；

(3) 电缆的防潮、防光；

(4) 电缆的敷设方式；

(5) 电缆芯的类型(铜芯、铝芯)；

(6) 电缆的规格。

光伏系统中不同部件之间的连接，因为环境和要求的不同，选择的电缆也不相同。以下分别列出不同连接部分的技术要求：

(1) 组件与组件之间的连接：必须进行 UL 测试，要求耐热 90℃，且防酸、防化学物质、防潮、防曝晒。

(2) 方阵内部和方阵之间的连接：可以露天或者埋在地下，要求防潮、防曝晒。建议穿管安装，导管必须耐热 90℃。

(3) 蓄电池和逆变器之间的接线：可以使用通过 UL 测试的多股软线，或者使用通过 UL 测试的电焊机电缆。

(4) 室内接线(环境干燥)：可以使用较短的直流连线。

电缆规格设计必须遵循以下原则：

(1) 蓄电池到室内设备的短距离直流连接，选取电缆的额定电流为计算电缆连续电流的 1.25 倍。

(2) 交流负载的连接，选取的电缆额定电流为计算所得电缆中最大连续电流的 1.25 倍。

(3) 逆变器的连接，选取的电缆额定电流为计算所得电缆中最大连续电流的 1.25 倍。

(4) 方阵内部和方阵之间的连接，选取的电缆额定电流为计算所得电缆中最大连续电流的 1.56 倍。

(5) 考虑温度对电缆性能的影响。

(6) 考虑电压降不要超过 2%。

(7) 适当的电缆尺径选取基于两个因素，即电流强度与电路电压损失。其完整的计算公式为

$$线损 = 电流 \times 电路总线长 \times 线缆电压因子$$

式中，线缆电压因子可由电缆制造商处获得。

二、供电系统的基础建设

基础建设包括太阳能电池组件地基和控制机房的建设。太阳能电池组件可以安装在地面上，也可以安装在屋顶上。如果光伏方阵安装在地面上，在设计施工的时候需要考虑建

筑抗震设计(参考国家标准《建筑抗震设计规范》GBJ 11—89)。

太阳能电池组件地基属于丙类建筑，要符合以下要求：

(1) 选择建筑场地时，应尽量选择坚硬土或者开阔、平坦、密实、均匀的中硬土。

(2) 同一结构单元不宜设置在截然不同的地基上。

地基有软弱黏性土、液化土、新近填土或者严重不均匀土层时，宜采取措施加强基础的整体性和刚性。

混凝土砌块的强度等级，中砌块不宜低于 MU10，小砌块不低于 MU5，砌块的砂浆强度等级不宜低于 M5。

(3) 混凝土的强度等级不宜低于 C20。

(4) 地基基础抗震验算：

$$FsE = \zeta_s f_s \tag{6-24}$$

式中，FsE——调整后的地基抗震承载设计值。

ζ_s——地基抗震承载力调整系数，可参考《建筑抗震设计规范》GBJ 11—89。

f_s——地基静承载力设计值，可参考《建筑地基基础设计规范》GBJ7—89。

(5) 对于存在液化土层的地基，应根据地基的液化等级采取一定的措施：

① 采用深基础时，基础地面埋入液化深度以下稳定土层中的深度不应小于 500 mm；采用加密法(如振冲、振动加密、强夯等)加固时，应处理至液化深度下界，且处理后土层的标准贯入锤击数的实测值，应大于相应的临界值。

② 挖出全部液化土层。

在西藏、青海和新疆，都存在大量的冻土地区，太阳能电池组件地基的设计应针对季节性冻土地基和多年冻土地基分别进行设计计算，可参考《冻土地区建筑地基基础设计规范》JGJ 118—98。

(6) 对于组件基础、安装支架的混凝土基础技术规范。

① 基础混凝土的混合比例为 1∶2∶4(水泥、胶石、水)，采用 42 号水泥或更细，胶石每块尺寸为 20 mm 或更小。

② 基础尺寸建议为 500 mm(长)×500 mm(宽)×400 mm(高)。如果发现现场土壤疏松，要相应地增加基础深度。

③ 基础的上表面要在同一水平面上，平整光滑。

④ 支架四个支撑腿所用的四个基础应保持在同一水平上。

⑤ 基础上的预埋螺杆应该要求正确位于基础中央，同样要注意保持螺杆垂直，不要倾斜。

⑥ 基础上的预埋螺杆应该高出混凝土基础表面 50 mm，并确保已经将基础螺杆的凸出螺纹上的混凝土擦干净。

⑦ 注意每副组件支架两个基础之间的朝向和尺寸。建议安装一副支架(不安装太阳能电池组件)，将四条支架安装到适当的位置，为基础建造作标记。

(7) 如果太阳能电池组件安装在屋顶就不需要考虑冻土的情况，但要考虑抗震对房屋和支架的技术要求。

三、接地和防雷设计

太阳能光伏电站为三级防雷建筑物，防雷和接地涉及以下方面(可参考《建筑防雷设计规范》GB 50057—94)：

1．电站站址的选择

(1) 尽量避免将光伏电站建筑在雷电易发生的和易遭受雷击的位置。

(2) 尽量避免避雷针的投影落在太阳能电池组件上。

(3) 防止雷电感应：控制机房内的全部金属物包括设备、机架、金属管道、电缆的金属外皮都要可靠接地，每件金属物品都要单独接到接地干线上，不允许串联后再接到接地干线上。

(4) 防止雷电波侵入：在出线杆上安装阀型避雷器，对于低压的 220 V/380 V 可以采用低压阀型避雷器。要在每条回路的出线和零线上装设。架空引入室内的金属管道和电缆的金属外皮在入口处可靠接地，冲击电阻不宜大于 30 Ω。接地的方式可以采用电焊，如果没有办法采用电焊，也可以采用螺栓连接。

2．接地系统的要求

所有接地都要连接在一个接地体上，接地电阻满足其中的最小值，不允许设备串联后再接到接地干线上。

光伏电站对接地电阻值的要求较严格，因此要实测数据，建议采用复合接地体，接地机的根数以满足实测接地电阻为准。

3．光伏电站接地接零的要求

(1) 电气设备的接地电阻 $R \leqslant 4$ Ω，满足屏蔽接地和工作接地的要求。

(2) 在中性点直接接地的系统中，要重复接地，$R \leqslant 10$ Ω。

(3) 防雷接地应该独立设置，要求 $R \leqslant 30$ Ω，且和主接地装置在地下的距离保持在 3 m 以上。

总的来讲，光伏系统的接地包括以下方面。

(1) 防雷接地：包括避雷针、避雷带以及低压避雷器、外线出线杆上的瓷瓶铁脚，还有连接架空线路的电缆金属外皮。

(2) 工作接地：逆变器、蓄电池的中性点、电压互感器和电流互感器的二次线圈。

(3) 保护接地：光伏电池组件机架、控制器、逆变器、配电屏外壳、蓄电池支架、电缆外皮、穿线金属管道的外皮。

(4) 屏蔽接地：电子设备的金属屏蔽。

(5) 重复接地：低压架空线路上，每隔 1 公里处接地。

(6) 接闪器可以采用 12 mm 圆钢，如果采用避雷带，则使用圆钢或者扁钢，圆钢直径 $\geqslant 48$ mm，厚度不应该大于 4 mm²。

(7) 引下线采用圆钢或者扁钢，宜优先采用圆钢，直径 $\geqslant 8$ mm，扁钢的截面不应该大于 4 mm。

(8) 接地装置：人工垂直接地体宜采用角钢、钢管或者圆钢。水平接地体宜采用扁钢或者圆钢。圆钢的直径不应该小于 10 mm，扁钢截面不应小于 100 mm²，角钢厚度不宜小于 4 mm，钢管厚度不小于 3～5 mm。人工接地体在土壤中的埋设深度不应小于 0.5 mm，需要热镀锌防腐处理，在焊接的地方也要进行防腐防锈处理。

根据实际情况安装电涌保护器，可参考 GB 50057—94 规范。

第五节　太阳能光伏系统性能分析与软件设计

一、光伏系统性能分析

对于已经建成的光伏系统，有必要对其性能进行分析。性能分析的主要目的就是了解已建成的光伏系统的工作状况，看系统是否能够正常工作；通过各种参量的分析找出对该系统性能产生影响的主要因素，为将来的光伏系统建设积累经验数据。因此需要对已建光伏系统进行长期的累计观测，以了解系统的工作过程，了解各种因素对系统性能的影响以及考核系统的部件和整体的工作性能。

为了得到比较全面的分析结果，至少需要对一个完整的工作年度进行数据观测和分析。性能分析中的重要部分是了解太阳能电池组件的输出情况，即太阳能电池组件的发电情况随温度、辐射变化而改变的关系。可以将记录数据整理成表格或者曲线的形式直观地描述系统的工作状况。通常使用下面的几种曲线描述太阳能电池组件的输出情况，参见图 6-11～图 6-14。

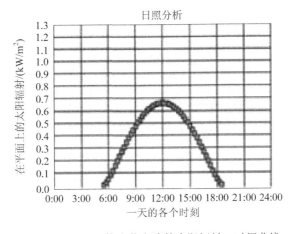

图 6-11　逐月平均光伏方阵的太阳辐射—时间曲线

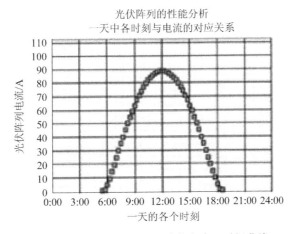

图 6-12　逐月平均光伏方阵的电流—时间曲线

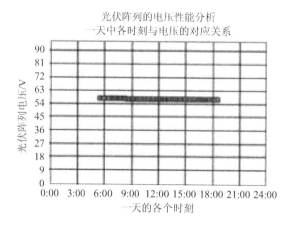

图 6-13　逐月平均光伏方阵的电压—时间曲线

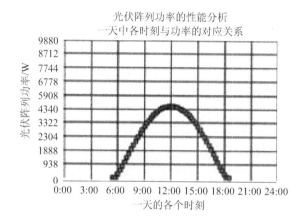

图 6-14　逐月平均光伏方阵的功率—时间曲线

　　从理论上讲，对太阳能电池组件输出有很大影响的因素就是太阳能电池组件的电池片温度和太阳能电池组件所接收的太阳辐射。所以为了分析的需要，有必要整理出太阳能电池组件温度和环境温度的关系，以及太阳能电池组件的输出随天气状况变化而改变的关系。通过对各种曲线的分析，就可以找出对该光伏系统输出产生影响的主要因素。

　　图 6-15 为某个光伏系统五月份的平均太阳能电池温度、环境温度—时间的变化曲线。

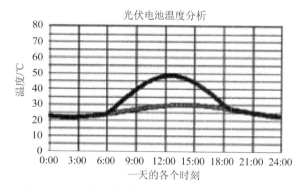

图 6-15　太阳能电池温度、环境温度—时间变化曲线

从图中可以看出，电池片的温度随着太阳辐射的增加而大大超过环境温度，从而会导致太阳能电池组件的输出降低。从图中可以看出，天气的变化对太阳能电池组件的输出产生很大的影响。这些实际积累的数据绘制的图形给了我们一个关于各种因素对太阳能电池组件输出影响的直观认识，了解了这些实际情况，反过来就可以指导我们的系统设计，从而使我们的理论设计更加贴近实际工作情况。

在已知太阳能电池组件的输出情况以后，对于独立和混合系统，考虑到负载的需要还可以作出系统太阳能电池组件输出、负载需求—时间的曲线，根据该曲线就可以了解在一年中的每一个月份，太阳能电池组件的输出是否能够满足负载的实际需求。

显然，太阳能电池组件的输出曲线必须位于负载需求曲线的上方，如果实际的数据导致太阳能电池组件的输出曲线有部分小于负载的需求曲线，那就说明系统会出现断电现象，并且有可能由于过放电而损坏蓄电池。如果是独立系统，这就说明在系统的设计上出了问题，选择的太阳能电池组件容量小于实际的需要；如果采用的是混合系统，那么就可以从差值计算出每个月份柴油机的能量贡献，了解柴油机的实际工作情况，看对设计的柴油机维护情况作出的理论预计是否合理，如果和理论设计有出入，则要进行适当的调整。

将太阳能电池组件的输出、直流负载和交流负载的消耗进行综合比较分析，从而可得出系统的逐月和年度工作情况，进一步了解直流控制部分以及交流控制和逆变部分的工作效率。太阳能电池组件的输出和直流负载消耗的实际电能之差反映了直流控制部分(包括蓄电池系统)的效率情况，差值越大，说明系统的直流损耗越大。

二、光伏系统设计软件介绍

在进行光伏系统设计时，可以通过专业软件来辅助设计。如果软件使用得当，能大大减少计算量、节约时间、提高效率和准确度。例如，我们获得的气象数据中的太阳辐照度一般情况下都是气象站记录的水平面上的数值，而进行光伏系统设计还需要特定倾角的数值，这样的转化一般计算相对复杂。借助软件只需要输入方位角或者倾角就能马上看到变化的系统结构，十分方便有效。

现在国际上比较常用的系统设计软件大约有十多种，如壳牌太阳能的 PV Designer、德国 Gerhard Valentin 博士开发的 PV*SOL、加拿大的 RETSCREEN 等等，主要集中在美国、德国、日本几个光伏产业比较先进的国家，其他国家很少开发。日本的软件普遍可视化程度很高、界面友好、操作方便，可以说是将相对复杂的光伏系统设计做得简单、有趣、生动。德国的软件则功能齐全，比较注重实用性。美国的设计软件其特点是气象数据库比较丰富(如 NASA 的数据库非常全面)。光伏系统设计人员可以结合实际的需要进行选择。

下面简单介绍一下德国 PV*SOL 设计软件。图 6-16 是该软件的操作界面。PV*SOL 是用来模拟和设计光伏系统的软件，丰富的相关数据是进行光伏系统设计的基础。PV*SOL 在数据库的建立方面做得比较出色。它提供了欧美许多国家和地区详尽的气象数据，而且是以 1 小时为间隔的。这些数据包括太阳辐照强度、指定地点 10 米高的风速和环境温度。所有数据均能够按日/周/月的时间间隔以表格或者曲线的形式显示出来。除此之外，还包含丰富的负载数据、150 种太阳能电池组件、70 种蓄电池的特性数据、150 种独立系统和并网系统的逆变器特性数据。所有的数据都可以通过用户自己定义而得到扩展，增加了设计的灵活性。

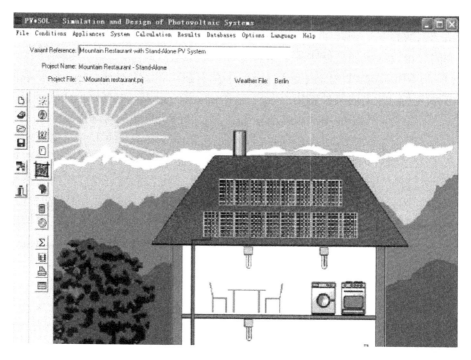

图 6-16　PV*SOL 设计软件界面

　　在进行实际的设计时，首先选择光伏系统的安装地点。如果数据库里没有确切的地点数据，可以选择相近的地点数据或者通过其他途径获得相关数据并输入软件。此后就要选择系统的类型，PV*SOL 软件将系统分成三种，即独立系统、并网系统以及混合系统，每种系统的设计方法都有所不同。

　　接下来就是负载的选择和输入。负载类型的丰富以及参数的详尽是 PV*SOL 软件的最大特点之一。很多软件只能确定负载全年总的工作时间以及所消耗的电量，其实这对光伏系统设计来说是不准确的，我们还需要知道某一小时内同时工作负载的数量和功率，负载每天工作的特定小时数，全年在哪些天工作、哪些天工作时间长、哪些天工作时间短等类似的详细信息。这些都影响着太阳能电池组件和蓄电池的匹配、逆变器的选择。举个简单的例子，假设一盏 11 W 的节能灯一年工作 365 小时，它可以每天工作 1 小时，也可以上半年不工作而下半年每天工作两个小时。这两种情况下太阳能电池组件和蓄电池的选择显然不一样。所以负载信息的详尽是很有必要的。

　　在确定了负载以后，软件就能够计算出系统需要的太阳能电池组件输出和蓄电池容量。此时选择好组件、蓄电池和其他设备的型号，软件就会给出组件和蓄电池的数量、串并联情况等等。

　　上面介绍的是 PV*SOL 软件的计算功能，其另一大功能是模拟。进行模拟后，会显示出详细的模拟报告，内容参数包括 PV 组件的年发电量、负载的年耗电量、PV 阵列的太阳辐射、PV 组件效率、系统效率、系统效率损失的可能性、蓄电池状态等等。此外还可以进行光伏系统经济效益和环保效益的分析。经济效益的分析涉及利率、净现值、通货膨胀率、生命周期等简单的经济学知识，只需要输入这些参数，就可以得到系统生命周期内的成本，以￥/kWh 表示。环保效益是指温室气体减排的量化。

习 题 六

1．光伏系统容量设计的主要目的就是要(   )能够可靠工作所需的太阳能电池组件和蓄电池的数量。

A．计算出系统在全年内   B．计算出系统在一天内

C．计算出系统在一月内   D．阴天用量

2．随着放电率的降低，蓄电池的容量会相应(   )。

A．下降   B．不变   C．增加   D．曲线上升

3．光伏组件方阵的放置形式和(   )对光伏系统接收到的太阳辐射有很大的影响。

A．放置高度   B．放置角度   C．组件温度   D．组件尺寸

4．太阳能电池组件的日输出与太阳能电池组件中(   )的串联数量有关。

A．EVA   B．玻璃   C．电池片   D．接线盒

5．在混合系统中，(   )会对系统的成本和效率产生很大的影响。

A．蓄电池的总线电压   B．太阳能电池的总线电压

C．控制器的总线电压   D．风机的总线电压

第七章　太阳能光伏系统的应用

本章主要讲述太阳能光伏系统的应用案例，分别讲述太阳能道路照明系统的设计，太阳能路灯系统的施工方案，光伏水泵系统概述及其构成，为太阳能路灯市政工程、太阳能绿色农业建设提供理论学习的依据。本章重点讲解太阳能路灯系统配置的计算和太阳能路灯的施工等内容。

第一节　太阳能道路照明系统

太阳能道路照明装置是一种利用太阳能作为能源的照明装置，因其具有不受市电供电影响，不用开沟埋线或架空电线，不消耗常规电能，只要阳光充足就可以就地安装等特点而受到人们的广泛关注。太阳能道路照明装置的主要应用是太阳能路灯。其广泛应用于乡村旅游道路、城乡结合公路、偏远山区等，尤其适合安装在交通不便的偏远山区和不方便接入市电的地区，具有广泛的市场应用前景。

一、太阳能路灯照明的参考标准

太阳能路灯的照明由于系统各方面的限制，不可能按照市电的照明标准来要求，目前可以借鉴的主要是一些地方标准，如北京市的地方标准——《太阳能光伏室外照明装置技术规范》(DB11/T 542—2008)，其中对于照明标准方面规定：乡村街道、道路维持水平平均照度在 3～4 lx，水平照度均匀度为 0.1～0.2；灯具的类型采用半截光型灯具等。

二、太阳能路灯的设计

1. 现场勘查

太阳能路灯由于采用太阳能辐射进行发电，因此对于路灯安装的具体地点具有特殊要求，并且在安装前必须对安装地点进行现场勘查。勘查的内容主要有：

(1) 察看安装路段道路两侧(主要是南侧或东、西两侧)是否有树木、建筑物等遮挡。有树木或者建筑物遮挡可能影响采光的，要测量其高度以及与安装地点的距离，计算并确定其是否影响太阳能电池组件的采光。对太阳能光照的一般要求是太阳能光照至少能保证上午 9:00 至下午 3:00 之间不能有遮挡物影响采光。

(2) 观察太阳能灯具安装位置上空是否有电缆、电线或其他影响灯具安装的设施。注意：严禁在高压线下方安装太阳能灯具。

(3) 了解太阳能路灯基础及电池舱部位地底下是否有电缆、光缆、管道或其他影响施工的设施，是否有禁止施工的标志等。安装时应尽量避开以上设施，当确实无法避开时，请与相关部门联系，协商同意后方可进行施工。

(4) 避免在低洼处或容易造成积水的地段安装太阳能路灯。

(5) 对安装太阳能路灯地段应事先进行现场拍照。

(6) 测量路段的宽度、长度、遮挡物高度和距离等参数，记录路向，并将其和照片等资料一起提供给方案设计者以供参考。

2. 安装布置

在安装布置太阳能路灯时，应遵循以下准则：

(1) 根据道路的宽度、照明要求来选择安装布灯的方式。太阳能路灯布置常用的三种方式如图7-1所示。

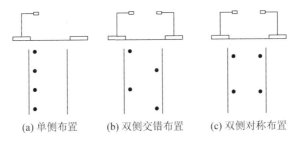

(a) 单侧布置   (b) 双侧交错布置   (c) 双侧对称布置

图 7-1 太阳能路灯安装布置的三种方式

(2) 灯具的悬臂长度不宜超过安装高度的1/4，灯具的仰角不宜超过15°。

(3) 灯具的安装高度(H)、间距(S)、路宽(W)和布置方式间的关系如表7-1所示。

表 7-1 灯具的安装高度、间距、路宽和布置方式间的关系

灯具布置方式	安装高度(H)	间距(S)
单侧布置	0.8～1W	4～5H
双侧交错布置	0.6～0.7W	4～5H
双侧对称布置	0.4～0.5W	4～5H

3. 光源的选择

太阳能路灯光源的选择原则是选择适合环境要求、光效高、寿命长的光源。同时为了提高太阳能发电的使用效率，尽量选择直流输入光源，避免由于引入逆变器而带来的功率损失(由于小型逆变器的效率比较低，一般低于80%)。

常用的光源类型有三基色节能灯、高压钠灯、低压钠灯、LED、陶瓷金卤灯、无极灯等。下面针对应用最多的太阳能灯具光源加以分析比较，表 7-2 为常见的直流输入光源特性。

在具体选用太阳能路灯光源时可参照道路状况和客户要求进行选择。需要注意的是，各种光源都有一定的功率限制和常用规格，选择光源功率时尽量选择常用光源功率。近年来也出现了一些新型光源，如混光型节能路灯灯具，将高显色性、高色温的金卤灯和高效光源低压钠灯两种光源系统一体化置于灯具电器仓内，不仅使整体光效及显色性、色温明显提高，而且在一定程度上也提高了照明质量。

表 7-2　常见直流输入光源特性一览表

光源种类	光效 /(lm/W)	显色指数 /Ra	色温 /K	平均寿命 /h	特　　点
三基色 节能灯	60	80～90	2700～6400	5000	光效高、光色好、成本低、应用广泛
高压钠灯	100～120	40	2000～2400	24 000	光效高、寿命长、透雾性强，更适合道路照明
低压钠灯	150 以上	30	1800	28 000	光效特高、寿命长、透雾性好，显色性差
无极灯	55～70	85	2700～6500	40 000	寿命长、无频闪、显色性好
LED	60～80	80	6500(白色)	30 000	寿命长、无紫外和红外辐射、低电压工作、可辐射多种光色、可调功率
陶瓷金卤灯	80～110	90	3000～4000	12 000	寿命长、光效高、显色性好

4. 系统配置的计算

太阳能路灯系统配置的计算一般是按照独立光伏系统的设计方法进行的，可以采用专用的设计软件来进行设计，近年来使用较多的如加拿大环境资源部和美国宇航局(NASA)联合开发的 RetScreen 软件等。下面介绍太阳能路灯系统配置的简单估算方法。

1) 峰值日照时数的计算

峰值日照时数的计算公式如下：

$$峰值日照时数 = \frac{A}{3.6 \times 365}$$

式中，A 为倾斜面的上年辐照总量，单位为 MJ/m^2。

例如：某地的方阵面上的年辐照为 6207 MJ/m^2，则年峰值日照时数为

$$6207 \div 3.6 \div 365 = 4.72 \text{ h}$$

2) 系统电压的确定

(1) 将太阳能路灯光源的直流输入电压作为系统电压，一般为 12 V 或 24 V。特殊情况下也可以选择交流负载，但必须增加逆变器才能工作。

(2) 选择交流负载时，在条件允许的情况下，应尽量提高系统直流电压，以减少线损。

(3) 选择系统直流输入电压时要兼顾控制器、逆变器等器件的选型。

3) 太阳能板的容量计算

对于太阳能路灯，整体系统配置的计算公式如下：

$$P = 光源功率 \times 光源工作时间 \times \frac{17}{12} \div 峰值日照时数 \div (0.85 \times 0.85)$$

式中，P 为电池组件的功率，单位为 W；光源工作时间的单位为 h；峰值日照时数的单位为 h；两个 0.85 分别为蓄电池的库仑效率和电池组件的衰减、方阵组合损失、尘埃遮挡等综合系数。

例如：光源功率为 18 W，每天工作 8 h，当地的年峰值日照时数为 4 h，则需要的太阳能板功率为

$$18 \times 8 \times \frac{17}{12} \div 4 \div (0.85 \times 0.85) = 70.5 \text{ W}$$

在具体选择太阳能板的功率时，根据太阳能板的规格进行选取即可。

4) 蓄电池容量的计算

首先根据当地的阴雨天情况来确定选用的蓄电池类型和蓄电池的存贮天数，一般北方选择的存贮天数为 3～5 天，西部少雨地区可以选用 2 天，南方的多雨地区存贮天数可以适当增加。蓄电池的容量计算公式如下：

蓄电池容量 = 负载功率 × 日工作时间 × (存贮天数 + 1) ÷ 放电深度 ÷ 系统电压

式中，蓄电池容量的单位为 Ah；负载功率的单位为 W；日工作时间的单位为 h；存贮天数的单位为 d；放电深度一般取 0.7 左右；系统电压的单位为 V。

例如：光源功率为 18 W，每天工作 8 h，蓄电池存贮天数为 3 d，系统电压为 12 V，则需要的蓄电池容量为

$$18 \times 8 \times (3+1) \div 0.7 \div 12 = 68 \text{ Ah}$$

然后再根据系统电压和容量的要求来选配蓄电池。

以上计算没有考虑温度的影响，若蓄电池的最低工作温度低于 −20℃，则应对蓄电池的放电深度加以修正。具体修正系数可咨询蓄电池生产厂家。

5) 平均照度的计算

在对道路进行照明设计时，对照度、亮度及均匀度的计算是必不可少的，一般情况下可以采用道路照明设计软件或照明计算表进行计算，也可以根据灯具的配光曲线进行简单的计算。下面给出常用道路的平均照度计算公式，读者可以以此公式进行照度计算，或者根据照度来计算路灯的间距及光源功率等参数。

$$E = \frac{F \times U \times K \times N}{W \times S}$$

式中，F 为光源的总光通量(lm)；U 为利用系数(由灯具利用系数曲线查出)；K 为维护系数；W 为道路宽度(m)；S 为路灯安装间距(m)；N 为与排列方式有关的数值(当路灯采用单侧排列或交错排列时，N=1；当路灯采用相对矩形排列时，N=2)。

6) 灯杆的设计

太阳能路灯常用的是钢质锥形灯杆，其特点是美观、坚固、耐用，且便于做成各种造型，加工工艺简单、机械强度高。常用锥形灯杆的截面形状有圆形、六边形、八边形等，锥度多为 1：90 和 1：100，壁厚可根据灯杆的受力情况一般选取 3～5 mm。

由于太阳能路灯工作的环境是室外，为了防止灯杆生锈腐蚀而降低结构强度，必须对灯杆进行防腐蚀处理。防腐蚀处理的方法主要是针对锈蚀原因来采取预防措施。防腐蚀主要是要避免或减缓潮湿、高温、氧化、氯化物等因素的影响。常用的方法如下：

(1) 热镀锌：将经过前处理的制件浸入熔融的锌液中，在其表面形成锌和锌铁合金镀层的工艺过程和方法，锌层厚度在 65～90 μm。镀锌件的锌层应均匀、光滑，无毛刺、滴瘤和多余结块，锌层应与钢杆结合牢固，锌层不剥离，不凸起。

(2) 喷塑处理：热镀锌后再进行喷塑处理，喷塑粉末应选用室外专用粉末，涂层不得有剥落、龟裂现象。喷塑处理不仅可以提高钢杆的防腐性能，且能大大提高灯杆的美观装饰性，颜色也有多种选择。

此外，由于太阳能灯杆内安装有控制器等电气件(有的蓄电池也安装在灯杆内)，设计

太阳能灯杆除了要满足强度和造型方面的要求外，还必须注意灯杆的防水性能和防盗性能，防止雨水进入灯杆内造成电气故障；避免采用常规的工具就能打开维护门(如使用内六角螺栓、钳子等)，防止人为进行破坏或盗窃。

5. 太阳能路灯设计中的特殊情况

1) 集中供电太阳能路灯

针对部分有遮挡地段需要安装太阳能路灯的情况，可以对灯具采用集中供电的方式，即将所有太阳能灯具需要的太阳能电池板集中安装到一个不影响采光的支架上，然后由系统对各个路灯进行供电。参见图 7-2。

图 7-2　太阳能集中供电路灯图片

2) 市电切换太阳能路灯

在政府机关大院安装的太阳能路灯，由于周围有楼房遮挡，但路灯的安装位置已经确定，同时院内对于路灯的开启时间不能有差异，必须实现同时开关，独立太阳能路灯显然不能满足系统的要求，而且路灯不能出现阴雨天不能点亮的情况。针对这种情况，可以采用太阳能市电互补系统＋集中供电的方式，将系统所需要的太阳能电池板集中安装在楼顶，并对整个路灯系统实现集中控制，实现同时点亮，当太阳能供电不足时，可以采用市电进行补充。参见图 7-3。

图 7-3　太阳能市电切换系统图片

第二节　太阳能路灯系统的施工

一、太阳能路灯的地基施工

太阳能路灯在进行地基施工时，应做到：

(1) 在施工前，应预备好制作太阳能路灯地基所需的工具，选用具有施工经验的施工人员。

(2) 严格依照太阳能路灯地基图选用合适的水泥，土壤酸碱度较高的地方必须选用耐酸碱的特殊水泥；细沙及石子中不得混有泥土等影响混凝土强度的杂质。

(3) 严格按照太阳能路灯地基图尺寸(由施工人员确定施工尺寸)沿道路走向开挖地坑。

(4) 地坑开挖完毕后应放置 1～2 天，察看是否有地下水渗出。若有地下水渗出，则应立刻停止施工。

(5) 地基中放置蓄电池舱的槽底必须添加 $5 \times \phi 80$ 的排水孔，或依据图纸要求添加排水孔。

(6) 地基中埋置地笼的上表面处必须确保水平(采用水平仪进行测量、检测)，地笼中的地脚螺栓必须与地基上表面垂直(采用角尺进行测量、检测)。

(7) 在施工前，穿线管两端必须封堵，避免在施工过程中或施工后异物进入或堵塞线管，而导致安装时穿线困难或无法穿线。

(8) 地基四周土壤必须夯实。

(9) 太阳能路灯地基制作完毕后需养护 2～7 天(依据天气情况确定)，经验收合格后方可进行太阳能路灯的安装。

二、太阳能路灯的组装

组装太阳能路灯所需的工具及设备：万用表、内六角扳手、平口螺丝刀、十字螺丝刀、尖嘴钳、绝缘胶布、防水胶带、活扳手及指南针等。

太阳能路灯在组装时，应做到：

(1) 选择一个安全、接近安装地点的场所进行太阳能路灯的组装。

(2) 拆除包装并依照配置清单清点零部件、配件，检查其在运输过程中是否有划伤、变形等损坏现象。

(3) 灯杆组件及易磨损配件(例如太阳能电池组件、灯头等)在放置时必须垫有柔软的垫物，以免在安装过程中造成划伤等不必要的损坏。

(4) 参照太阳能路灯总装图组装太阳能路灯。

① 组装灯杆组件(上灯杆组件和下灯杆组件、灯臂组件、太阳电池组件固定结构)。

a. 把上、下灯杆组件和太阳能电池组件角钢固定框及灯臂组件等拆装完毕后逐一检查，确定无划伤、掉漆后方可组装。

b. 依照太阳能路灯结构总装图连接太阳能电池板角钢固定框与上灯杆组件。在紧固螺栓时，要确保各个螺栓受力均匀。部分太阳能路灯在连接上灯杆与太阳电池组件角钢固定框时需穿护套线，在穿线时要注意保护护套线不受损坏。

c．上、下灯杆组件的连接。将上灯杆组件下端口中的护套线取出并捋顺，把缠在下灯杆上的细铁丝松开并捋顺。上灯杆组件下端口处的护套线端固定于下灯杆上端口的细铁丝上，于下灯杆组件下端慢慢抽动细铁丝，同时起吊上灯杆组件于合适位置。当上灯杆组件下端距下灯杆组件上端约 100 mm 时(此时穿于下灯杆组件中的护套线应处于轻轻受力状态)，采用尼龙扎带扎紧下灯杆上端口的护套线，并再采用尼龙扎带将扎紧的护套线固定于下灯杆组件上端口处的挂钩上。然后将上灯杆组件插入下灯杆组件中至合适位置，均匀紧固下灯杆组件上的螺栓，直至达到要求。最后断开细铁丝与护套线的连接。注意：组装完毕后必须保证太阳能电池组件固定框朝向安装地点的南面。

② 将灯杆中裸露的护套线与灯臂组件中细铁丝的下端连接并用绝缘胶布包裹，慢慢抽动灯臂组件上端的铁丝直至护套线穿出，断开细铁丝与护套线的连接。使用螺栓将上灯杆组件固定在下灯杆组件上，在固定过程中注意避免护套线被压住。紧固螺栓是为了确保各螺栓的受力均匀，紧固完毕后使用螺纹锁固胶进行锁固。

③ 打开控制器舱门，将下灯杆中的护套线从舱门中引出并捋顺。

(5) 安装太阳能电池组件。

① 太阳能电池组件的接线。

a．打开太阳能电池组件包装箱，检查太阳能电池组件是否有损坏。

b．把太阳能电池组件护板放置于角钢框中，然后将太阳能电池组件放置于护板上。在安放太阳能电池组件时，接线盒均处于高处，当太阳能电池组件横放时，接线盒应向距灯杆组件近的方向靠拢。

c．根据路灯的系统电压和太阳能电池组件的电压，将太阳能电池组件线接好。如路灯的系统电压为 24 V，太阳电池组件的电压为 17 V 或 18 V，就应将太阳电池组件进行串联，串联的方法是第一块组件的正极(或负极)和第二块组件的负极(或正极)连接；若太阳能电池组件的电压为 34 V，就应将太阳能电池组件进行并联，并联的方法是第一块组件的正、负极和第二块组件的正、负极对应连接。接线时将太阳能电池组件接线盒用小一字螺丝刀打开，把太阳能电池组件电源线用小一字螺丝刀压接到接线盒的接线端子上，要求红线接正极，蓝线接负极，线接好后将接线盒出线端的防水螺母紧固，并将接线盒内的接线端子处涂 7091 密封硅胶，涂胶量以使接线盒内进线孔处被完全密封为准，然后扣紧接线盒盒盖，不可扣反。

d．用万用表检测太阳能电池组件连线(接控制器端)是否短路，同时检测太阳能电池组件输出电压是否符合系统要求。在晴好天气下其开路电压应大于 18 V(系统电压为 12 V)或 34 V(系统电压为 24 V)。在安装前和测试后太阳能电池组件电源线应接控制器端的正极，用绝缘胶布将外露的线芯包好，绝缘胶布至少须包两层。

注意：太阳能电池组件在安装过程中要轻拿轻放，避免工具等器具对其造成损坏。

② 太阳电池组件的固定：太阳能电池组件和电池组件支架用 M6×20 的螺栓、M6 的螺母、M6 垫圈进行紧固。安装时，应将螺栓由外向里安装，然后套上垫圈并用螺母紧固。紧固时，要求螺栓连接处连接牢固，无松动。

(6) 灯具的安装(内安装有灯光源)：

① 先打开灯具，用 M10 或 M8 的内六角扳手将螺栓松开，然后把灯头插到灯杆里，调整好灯头方向，再将螺栓紧固。

② 光源线正、负极分别对应连接。当光源为无极灯时，对于单灯头双光源灯具，一路与灯头尾部的接线端子连接，要求红色线接正极，蓝色线接负极；另一路与镇流器连接，要求红色线接 L 端子，蓝色线接 N 端子。对于单灯头单光源灯具，光源线与灯头尾部的接线端子连接，要求红色线接正极，蓝色线接负极。当光源为节能灯时，光源线应与灯头尾部的接线端子连接，要求红色线接正极，蓝色线接负极，最后将灯头盖好。对于单灯头双光源灯具，应根据光源的工作时间进行接线。

三、太阳能路灯的安装

安装太阳能路灯所需的工具及设备：万用表、大扳手、细铁丝、尼龙扎带、铁锹、起吊绳(材料为软带；若为钢丝绳时，钢丝绳上必须包裹布带或在起吊灯具时垫有柔软物体，避免损坏灯体)、吊车、升降车等。

1. 蓄电池的安装要求

(1) 清除太阳能路灯地基中放置蓄电池舱的水泥槽里的泥土等杂物，确保排水孔无异物堵塞。

(2) 察看蓄电池舱有无损坏，同时检测蓄电池电压是否正常，若出现异常，则判断为不合格品，应禁止安装。用绝缘胶布包裹护套线两极。

(3) 将蓄电池舱拆装，然后在连接软管上套上两个双钢丝式环箍，将蓄电池线穿过地笼的预制管，在预制管上均匀涂一层密封硅胶，再将连接软管的另一端插到预制管的根部，用一字螺丝刀将双钢丝式环箍上的螺栓紧固。

(4) 清除地基中放置盖板处的泥土、细沙等杂质。

(5) 起吊盖板，将其安放在地基中且放置平稳。在放置盖板时，避免地基四周的泥沙掉入地基中。

(6) 采用沥青与细沙混合物(沥青：细沙 = 1：3)覆盖盖板及盖板四周 4 cm。

(7) 填盖黏土或三合土。填盖黏土或三合土时，每填盖 10 cm，须夯结实，直至高出地面 10 cm 为止。

2. 太阳能路灯竖灯

(1) 灯杆的安装。

① 将起吊绳穿在灯杆的合适位置。

② 缓慢起吊灯具，注意避免吊车钢丝绳划损太阳能电池组件。

③ 在起吊过程中，当太阳能路灯完全离开地面或完全脱离承载物时，至少应有两位安装人员使用大扳手夹紧法兰盘，阻止灯具在起吊过程中因底部摆动而造成灯具上端与吊车吊绳摩擦，损坏喷塑层乃至更多处。

④ 当灯具起吊到地基正上方时，缓慢下放灯具，同时旋转灯杆，并调整灯头，使之正对路面。注意：法兰盘上长孔应对准地脚螺栓。

⑤ 法兰盘落在地基上后，依次套上平垫 30(或平垫 24)、弹垫 30(或弹垫 24)及 M30(或 M24)的螺母，并用水平尺调节灯杆的垂直度。如果灯杆与地面不垂直，可在灯杆法兰

盘下垫上垫片，使其与地面垂直，然后用扳手把螺母均匀拧紧，拧紧前应涂抹螺纹锁固胶。对于 M24 的螺栓(8.8 级)，旋紧扭矩为 650.6 N·m；对于 M30 的螺栓(8.8 级)，旋紧扭矩为 1292.5 N·m。

⑥ 撤掉起吊绳。

⑦ 检查太阳能电池组件是否面对南面，否则须进行调整。调整太阳能电池组件方向的方法：采用必要装置先将安装人员(1~2 名)送至适当高度，然后安装人员使用扳手逐一松动紧定上灯杆组件的螺栓，以指南针为依据，扭转上灯杆组件至合适位置，最后再逐一拧紧上灯杆组件的紧定螺栓，须确保各螺栓受力均匀。

(2) 接线。

① 摘掉舱门，捋顺灯杆内的护套线，并察看在安装过程中是否损坏护套线。若损坏，则应采取相应的补救措施，必要时要重新穿线，并重新安装灯具。

② 安装控制器。接线时要注意"正"、"负"极性，要求红线接正极，蓝线接负极。接线前应先将蓄电池电源线和组件电源线的绝缘胶布拆除并清理干净，用剥线钳将组件电源线、光源线、蓄电池线和控制器上各电源线均剥去(30 mm ± 2 mm)塑铜线皮，用绝缘胶布将控制器上红色的光源线包裹两层，然后再按以下顺序进行接线：

a. 先将蓄电池电源线和控制器上的蓄电池线拧接在一起，拧线时先把两根线芯搭在一起，然后分别把两根线芯拧紧，并用绝缘胶布和防水胶布包好。

b. 指示灯延时 10 s 后亮，表示输出正常，同时控制器左上角的四个 LED 可以显示当前蓄电池的剩余电量。每个 LED 代表 25% 的蓄电池电量。若控制器左上角的四个 LED 都不亮，则应用万用表检查保险丝是否损坏，检查时可用万用表的二极管挡进行测试，将两表笔分别与保险丝两端相接。若蜂鸣器响，则表明保险丝没损坏；若蜂鸣器不响，同时万用表显示"1"，则表明保险丝损坏，此时应更换保险。若保险丝没损坏，则说明是控制器损坏。若控制器左上角的四个 LED 亮而绿色指示灯不亮，则应检查蓄电池电压；若蓄电池电压高于 12.3 V，而负载无输出电压，则说明控制器损坏。若蓄电池电压低于 12.3 V，则表明蓄电池电压偏低，控制器无法正常启动，再将太阳电池组件电源线和控制器上的组件连接线线芯直接拧接在一起(控制器是双路太阳能输入的，应优先连接第一路)，拧线时首先把两根线芯搭在一起，然后分别把线芯拧紧并用绝缘胶布和防水胶布包好，绝缘胶布和防水胶布各应包两层并用力缠紧。在包防水胶布时，防水胶布应至少拉至原长的 2 倍，此时控制器左上角的四个 LED 呈动态循环，相继点亮表示正在进行充电，10 s 后绿色指示灯灭，电充满后 LED 将停止循环闪烁并全部点亮。

c. 将光源线的绝缘胶布拆除并清理干净，将光源电源线和控制器上负载连接线的线芯直接拧接在一起(不带逆变器时)。拧线时首先把两根线芯搭在一起，然后分别把线芯拧紧并用绝缘胶布和防水胶布包好，绝缘胶布和防水胶布各应包两层并用力缠紧。在包防水胶布时，防水胶布应至少拉至原长的 2 倍。如果需要安装逆变器，应先接逆变器的输出端，再接逆变器的输入端。控制器各电源线安装完毕后将各电源线整理好后用 200 mm 尼龙扎带扎好并挂在灯杆内的小勾上，把控制器放在防水盒内，将防水盒放在舱门上方的挡板上，用两个 M6 × 20 的螺栓将挡板固定好再安装电器舱门，并将其锁牢。

③ 安装舱门，采用三角锁紧固舱门。

(3) 清理现场，保证环境整洁；清点工具，确定无遗漏。

(4) 注意事项：

① 安装电池组件时要轻拿轻放，严禁将组件短路或摔掷组件。

② 电源线与接线盒处、灯杆和组件的穿线处须用硅胶密封，电池组件连接线需在支架处固定牢固，以防电源线因长期下垂或拉拽而导致接线端松动乃至脱落。

③ 安装灯头和光源时要轻拿轻放，确保透光罩清洁、无划痕，严禁翻滚和摔掷。

④ 搬动蓄电池时不要触动电池端子和控制阀，严禁将蓄电池短路或翻滚、摔掷。

⑤ 接线时注意正、负极，严禁接反；接线端子压接要牢固，无松动，同时应注意连接顺序，严禁使线路短路。

⑥ 不要同时触摸太阳能电池组件和蓄电池的"＋"、"－"极，以防触电危险。

⑦ 逆变器输出的是高压电源，触摸有生命危险！

⑧ 在安装过程中应避免将灯体划伤。

⑨ 灯头、灯臂、上灯杆组件、太阳能电池组件等物件各螺栓连接处应连接牢固，无松动。

⑩ 安装太阳能电池组件时必须加护板。

⑪ 灯杆镀锌孔处用硅胶密封，注意美观。

第三节　光伏水泵系统

一、光伏水泵系统特性概述

光伏水泵系统亦称太阳能光电水泵系统，其基本原理是利用太阳能电池将太阳能直接转换为电能，然后驱动各类电动机带动水泵从深井、江、河、湖、塘等水源提水。它具有无噪声、全自动(日出而作，日落而停)、高可靠性、供水量与蒸发量适配性好("天大旱，它大干")等许多优点。联合国国际开发署(UNDP)、世界银行(WB)、亚太经社会(ESCAP)等国际组织部先后充分肯定了它的先进性与合理性，目前在这些国际组织的支持下，全世界已有数万台不同规格的光伏水泵在不同地区和国家运行，特别是在亚、非、拉及中东等发展中国家，已为许多贫困地区的人民带来了相当可观的经济效益，加速了这些地区的脱贫步伐。由于光伏水泵系统从技术上说是一个比较典型的"光、机、电一体化"系统，它涉及太阳能的采集、变换及电力电子、电机、水机、计算机控制等多个学科的最新技术，因此已被许多国家列为优先发展的高新技术和进一步发展的方向，中东、非洲有不少国家更是期望太阳能水泵及省水微灌、现代化农业等新技术在地下水资源比较充裕的干旱地区把家园改造为绿洲。

光伏水泵与柴油机水泵相比具有良好的经济性。世界银行在盛产石油的中东地区(如阿联酋、约旦等国)作出了具有明确结论的经济性比较，就其每立方米的水价而言，光伏水泵的水价与柴油机水泵水价持平的系统功率约在 40 kW，由于近几年太阳能电池及其他电子控制器件的降价，两者水价持平的功率在 75 kW 左右。如果太阳能电池的价格下降至 3 美元/Wp，两者水价持平的功率在 150～200 kW 左右。德国西门子公司基于近年在世界各地安装、试验、销售各种规格光伏水泵经验的基础上，得出的结论是：柴油机水泵初期投资低是其优点，但随着运行年数的增加，其运行维护费用将不断增加，每立方米水的成本将因此而逐年增长。光伏水泵的初期投资偏大是其缺点，但此后由于它的运行费用低和少维护或免维护等特点，其水的成本上升缓慢，十年以后，柴油机水泵的水成本将是光伏水泵水成本的两倍还多，两者的盈亏平衡点约在三年左右。印度在现有 4000 台光伏水泵的基础上，政府给予一定补贴，计划再推广安装 50000 台套光伏水泵系统，每个系统的容量在 1～5 kW 之间。

二、光伏水泵系统的基本构成

光伏水泵系统大致由光伏阵列、控制器、电机和水泵四部分组成。

1．光伏阵列

光伏阵列由众多的太阳能电池串、并联构成，其作用是直接把太阳能转换为直流形式的电能。目前用于光伏水泵系统的太阳能电池多为硅太阳能电池，其中包括单晶硅、多晶硅及非晶硅太阳能电池。太阳能电池的伏安特性曲线如图 7-4 所示，其具有非线性。

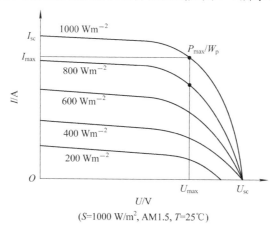

$(S=1000\ \text{W/m}^2,\ \text{AM1.5},\ T=25℃)$

图 7-4　太阳能电池的 I-U 特性曲线

在图 7-4 中，曲线上的大圆黑点表示在相应日射下，太阳能电池输出的最大功率就是它的额定功率。输出最大功率的位置称之为最大功率点。光伏阵列的伏安特性曲线具有和单体太阳能电池同样的形状，若忽略单体太阳能电池生产过程中的差异、组件相互之间的连接电阻，则太阳能电池组件具有理想的一致性。光伏阵列的伏安特性曲线可以看做仅是单体太阳能电池伏安特性曲线按串、并联方式放大其坐标的比例尺而形成的。

2．控制器

光伏阵列的输出特性曲线与太阳辐照度、环境温度以及阴、晴、雨、雾等气象条件有密切关系，其输出随日照而变化的是直流电量。作为光伏阵列负载的光伏水泵，它的驱动电机可以是直流电机，也可以是交流电机，甚至还可以是其他新型电机，它们同样都具有非线性性质。在这种情况下，要使光伏水泵系统工作在比较理想的工况，而且在任何日照下都能发挥光伏阵列输出功率的最大潜力，这就需要有一个适配器，使电动负载之间能达到和谐、高效、稳定的工作状态。

1) 最大功率点跟踪器(MPPT)

由光伏阵列伏安特性可知，光伏阵列在不同太阳辐照度下输出最大功率点位置并不固定，而且当环境温度发生变化时，相应于同一辐照度的最大功率点位置也是变化的。为了实现最大功率，通常采用点跟踪器以获取当前日照下最多的能量。

2) 变频逆变器

光伏阵列通过最大功率点跟踪器以后的输出是直流电压，如果水泵所用驱动电机是直流电动机，可以在二者电压值相适配的情况下直接连接，电动机将带动水泵旋转扬水，例如美国 Solarjack 公司早年的安静产品就是这样。由于直流电动机的造价一般较高，且需要定期维护或更换其电刷，近年来，随着新型调速控制理论及功率电子器件、技术的进步，使交流调速技术有了长足的发展，其效率已逐步赶上直流电动机，其使用的方便性和牢固性远远超过直流电动机，因此有刷直流电动机的驱动方式渐呈被淘汰之势，而取而代之的主要是高效率的三相异步电动机及直流无刷电动机，也偶有采用永磁同步电动机或磁阻电动机的。后几种电动机的驱动都要靠专用的变频装置或相应的电力电子驱动电路来实现。

3. 电机和水泵

光伏水泵系统的作用是为了能稳定、可靠地多出水，或者说最后都要落实在电机、水泵的工作上，它们往往构成一个总成件，这个总成件要求有高可靠性及高效率。对于光伏水泵系统而言，电机和水泵的搭配并不像常见的电机和水泵搭配那样"随便"，由于电机的功率等级，电压等级在很大程度上受到太阳能电池阵列的电压等级和功率等级的制约，因此对水泵扬程、流量的要求被反映到电机上时，往往必须在兼顾阵列结构的条件下专门进行设计。出于不同用户的不同要求，光伏水泵系统使用的驱动电机有不同电压等级的传统直流电动机、直流无刷永磁电动机、三相异步电动机、永磁同步电动机、磁阻电动机等多种型式。从目前的使用情况来看，以三相异步电动机及直流无刷永磁电动机为最多，大功率系统仍以采用高效三相异步电动机为主。

在进行电机设计时要充分考虑到光伏水泵系统的具体运行条件，主要是变频运行、负载率早晚变化较大等情形。在这种情况下，要力争使电动机全日、全年的总平均效率为最高。光伏水泵系统中水泵的选择与设计也有其特点，根据用户对流量、扬程的不同要求，以及从其经济性、可靠性等方面来考虑，大致可按以下原则选择泵型：

(1) 要求流量小、扬程高的用户宜选用容积式水泵。

(2) 要求流量较大，且扬程也较高的用户宜选用潜水式水泵。

(3) 需要流量较大，但扬程却较低的用户一般宜采用自吸式水泵。

习　题　七

1. 设计一个可以支持 5～7 天阴雨天 60 W 路灯的方案。
2. 写出太阳能路灯施工的工程控制表。
3. 简述太阳能路灯工程的验收要点。
4. 设计太阳能蔬菜大棚的滴灌方案。
5. 设计太阳能路灯的施工方案。

第八章　太阳能光伏建筑一体化

本章主要讲解太阳能光伏建筑一体化(Building Integated Photovoltaies，BIPV)的基本知识，分别从 BIPV 的概念、系统原理实现形式、国内外的发展现状、发展前景及其典型工程案例等内容进行讲述。重点讲解 BIPV 的关键技术和典型工程案例。

第一节　BIPV 基础知识

一、BIPV 的概念

光伏建筑一体化(BIPV)指在建筑外围护结构的表面安装光伏组件提供电力，同时作为建筑结构的功能部分，取代部分传统建筑结构，如屋顶板、瓦、窗户、建筑立面、遮雨棚等，也可以做成光伏多功能建筑组件，以实现更多的功能，如光伏光热系统、与照明结合、与建筑遮阳结合等形式。如图 8-1 所示。

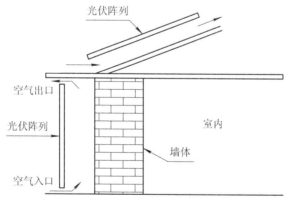

图 8-1　BIPV 示意图

二、BIPV 系统原理

BIPV 系统有独立发电和并网发电两种形式。独立发电系统是指光伏系统产生的电能仅供自己使用；并网发电系统是指光伏系统与公共电网相连，光伏发电系统产生的电能除自己使用外，还可向公共电网输出。独立发电和并网发电发电系统的原理如图 8-2 所示。

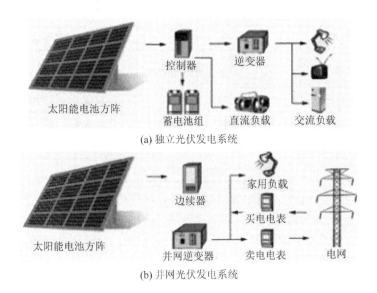

(a) 独立光伏发电系统

(b) 并网光伏发电系统

图 8-2　光伏发电系统原理示意图

三、BIPV 的实现形式

从目前来看，光伏与建筑的结合有两种方式：一种是建筑与光伏系统相结合；另外一种是建筑与光伏组件相结合。

(1) 建筑与光伏系统相结合，即把封装好的光伏组件(平板或曲面板)安装在居民住宅或建筑物的屋顶上，再与逆变器、蓄电池组、控制器、负载等装置相联。光伏系统还可以通过一定的装置与公共电网联接。

(2) 建筑与光伏组件相结合，即将光伏器件与建筑材料集成化。一般的建筑物外围护表面采用涂料、装饰瓷砖或幕墙玻璃等材料，目的是为了保护和装饰建筑物，如果采用光伏组件代替部分建材，即采用光伏组件来做建筑物的屋顶、外墙和窗户，这样使光伏组件既可用作建材也可用以发电。

目前大多采用第一种方式，但这不属于真正意义上的 BIPV，BIPV 构件既是光伏构件也是建筑部件，可以完全替代传统建材，这样既可用做建材又可以发电，这才是光伏和建筑的完美融合。从光伏组件与建筑的集成来讲，主要有光伏幕墙、光伏采光顶、光伏遮阳板等八种形式，如表 8-1 所示。

表 8-1　BIPV 的主要形式

序号	BIPV 形式	光伏组件	建筑要求	类型
1	光伏采光顶(天窗)	光伏玻璃组件	建筑效果、结构效果、采光、遮风挡雨	集成
2	光伏屋顶	光伏屋面瓦	建筑效果、结构效果、遮风挡雨	集成
3	光伏幕墙(透明幕墙)	光伏玻璃组件(透明)	建筑效果、结构效果、采光、遮风挡雨	集成

序号	BIPV 形式	光伏组件	建筑要求	类型
4	光伏幕墙(非透明幕墙)	光伏玻璃组件(非透明)	建筑效果、结构效果、遮风挡雨	集成
5	光伏遮阳板(有采光要求)	光伏玻璃组件(透明)	建筑效果、结构效果	集成
6	光伏遮阳板(无采光要求)	光伏玻璃组件(非透明)	建筑效果、结构效果	集成
7	屋顶光伏阵列	普通光伏电池组件	建筑效果	结合
8	墙面光伏阵列	普通光伏电池组件	建筑效果	结合

　　BIPV 产品目前分为晶体硅 BIPV 构件和非晶硅薄膜 BIPV 构件，晶体硅转换效率高，但其产品透光性差，颜色难以满足建筑对美观方面的要求；非晶硅目前转换效率低于晶体硅，但透光性好，颜色更接近建筑的要求，同时成本低，尺寸大，适合大规模化生产，是未来光伏建筑一体化的发展方向。

四、BIPV 的关键技术

　　BIPV 的关键技术主要有以下几方面内容：
　　(1) 与景观、建筑结合的并网光伏电站的设计和建设。
　　(2) 光伏电站主要设备光伏组件、控制逆变器等产品的选用。
　　(3) 100 kVA 以下的系列化与用户侧低压电网并联运行的并网控制逆变器的研制以及其在光伏电站中的实际应用。
　　(4) 光伏阵列与建筑集成的优化设计。
　　(5) 太阳能光伏发电系统与建筑物的一体化设计。
　　(6) 光伏阵列在建筑物屋顶上的安装结构、工艺设计、线路设计与配线、防雷保护以及光伏电站监控系统等技术。
　　BIPV 应当在建筑设计之初就开始考虑，除了考虑 BIPV 的建筑特性，还要考虑发电量的影响因素。研究 BIPV 技术的任一领域，都要解决四个核心问题：光伏电池的安装位置、遮挡因素、通风设计、空调系统的综合设计。

五、BIPV 的优点与应用领域

1. BIPV 的优点

　　从建筑、技术和经济角度来看，光伏建筑一体化有以下诸多优点：
　　(1) 联网系统光伏阵列一般安装在闲置的屋顶或墙面上，无需额外用地或增建其他设施，适用于人口密集的地方。这对于土地昂贵的城市建筑来说尤其重要。
　　(2) 可在原地发电和原地用电，在一定距离范围内可以节省电站送电网的投资。对于联网用户系统，光伏阵列所发电力既可供给本建筑物负载使用，也可送入电网。在阴雨天、夜晚或光强很小时，可智能切换到由电网供电。由于有光伏阵列和公共电网共同给负载供应电力，增加了供电的可靠性。
　　(3) 夏季，处于日照时，由于大量制冷设备的使用，形成电网用电高峰，而这时也是光伏阵列发电最多的时候。BIPV系统除保证自身建筑用电外，还可以向电网供电，从而缓解高峰用电的需求。

(4) 由于光伏阵列安装在屋顶和墙壁等外围护结构上，其可以吸收太阳能并转化为电能，大大降低了室外综合温度，减少了墙体得热和室内空调冷负荷，既节省了能源，又利于保证室内的空气质量。

(5) 避免了由于使用一般化石燃料发电所导致的空气污染和废渣污染，这对于环保要求严格的今天与未来更为重要。

(6) 由于光伏电池组件化，光伏阵列安装起来很简便，而且可以任意选择发电容量。

(7) 在建筑围护结构上安装光伏阵列，可以促进PV(透光性光伏组件)部件的大规模生产，从而能够进一步降低PV部件的市场价格，这对于BIPV系统的广泛应用有着极大的推动作用。

(8) 大尺度新型彩色光伏模块的诞生，不仅节约了昂贵的外装饰材料(玻璃幕墙等)，且使建筑物外观更有魅力。

2．BIPV的应用领域

目前BIPV主要应用于大楼帷幕墙或外墙，大楼、停车场的遮阳棚，大楼天井，斜顶式屋顶建筑之屋瓦，大型建筑物屋顶/隔音墙等场合，也可应用于个人住宅、商业大楼、学校、医院楼、机场、地铁站站台、公交车站以及大型工厂车间等处。如图8-3所示。

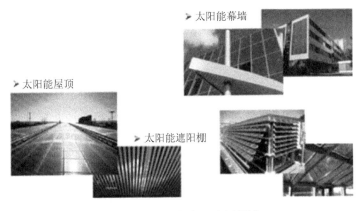

图8-3　BIPV的主要应用领域

第二节　BIPV行业发展概述

一、BIPV行业发展的有利因素

1．能源危机和环境保护

由于化石能源的有限性和过度开发，近年来能源危机已迫在眉睫，并且在其消耗过程中带来的环境污染也越来越严重。近年来，国际社会纷纷采取措施应对全球气候变暖问题，2005年2月16日，《京都协议书》生效，成为国际上推动新能源发展的主要契机，将各个国家发展新能源的规划推进到一个新的阶段。未来能源发展的方向将是以太阳能为代表的可再生能源，在众多可再生能源中，太阳能无疑是最巨大且最清洁的能源，光伏发电是解决能源与环境问题的有效途径。

2. 产业政策

世界各国的政策扶持为太阳能光伏行业的未来发展奠定了坚实的基础。2004 年，德国新修订的《可再生能源法》正式实施，以实际措施扶持太阳能发电，2005 年 2 月，《京都议定书》的生效再次推动可再生能源的利用。在中国国内，2005 年 2 月 28 日，第十届全国人民代表大会常务委员会第十四次会议审议通过了《中华人民共和国可再生能源法》，该法自 2006 年 1 月 1 日起施行。2007 年 6 月，国务院审议通过了《可再生能源中长期发展规划》，提出当今和今后一段时间要加快太阳能、风能、生物发电的开发利用，提高可再生能源在能源结构中的比重。为了应对光伏"双反"和建设扶持国内光伏产业，2012—2013 年度中国政府发布的太阳能光伏政策措施如下：

(1) 2012 年我国出台的一些光伏相关政策：

1 月：财政部、科技部、国家能源局《关于做好 2012 年金太阳示范工作的通知》。

2 月：工信部《太阳能光伏产业"十二五"发展规划》。

3 月：科技部《太阳能发电科技发展"十二五"专项规划》。

5 月：国家能源局《关于申报新能源示范城市和产业园区的通知》。

6 月：国家能源局《关于鼓励和引导民间资本进一步扩大能源领域投资的实施意见》。

7 月：国家发改委《可再生能源发展"十二五"规划》；国家能源局《太阳能发电发展"十二五"规划》；国务院《"十二五"国家战略性新兴产业发展规划》。

8 月：财政部、住建部《关于完善可再生能源建筑应用政策及调整资金分配管理方式的通知》。

9 月：国家能源局《关于申报分布式光伏发电规模化应用示范区的通知》。

10 月：国家电网《关于做好分布式光伏发电并网服务工作的意见(暂行)》；国家电网《关于促进分布式光伏发电并网管理工作的意见(暂行)》；国家电网《分布式光伏发电接入配电网技术规定(暂行)》；国家能源局综合司《关于编制无电地区电力建设光伏独立供电工程实施方案有关要求的通知》。

11 月：财政部办公厅、科技部办公厅、住房城乡建设部办公厅、国家能源局综合司发出《关于组织申报金太阳和光电建筑应用示范项目的通知》；国家发改委、国家电监会《关于可再生能源电价补贴和配额交易方案的通知》；国家能源局《可再生能源发电工程质量监督体系方案》。

(2) 2013 年发布的光伏相关政策措施：

3 月 1 日：国家电网《关于做好分布式电源并网服务工作的意见》。

6 月 16 日：国家能源局《分布式光伏发电示范区工作方案》。

7 月 15 日：国务院《关于促进光伏产业健康发展的若干意见》。

7 月 18 日：国家发改委《分布式发电管理暂行办法》。

7 月 24 日：财政部《关于分布式光伏发电实行按照电量补贴政策等有关问题的通知》。

8 月 9 日：国家能源局《关于开展分布式光伏发电应用示范区建设的通知》。

8 月 26 日：国家发改委《关于发挥价格杠杆作用促进光伏产业健康发展的通知》。

8 月 30 日：国家发改委《关于调整可再生能源电价附加标准与环保电价的有关事项的

通知》。

8 月 22 日：国家能源局、国家开发银行《关于支持分布式光伏发电金融服务的意见》。

9 月 24 日：国家能源局《光伏电站项目管理暂行办法》。

9 月 29 日：国家财政部《关于光伏发电增值税政策的通知》。

9 月：工信部《光伏制造行业规范条件》。

10 月 11 日：工信部《光伏制造行业规范公告管理暂行办法》。

10 月 29 日：国家能源局《关于征求 2013、2014 年光伏发电建设规模的函》。

11 月 18 日：国家能源局《关于印发分布式光伏发电项目管理暂行办法的通知》。

11 月 19 日：财政部《关于对分布式光伏发电自发自用电量免征政府性基金有关问题的通知》。

以上的政策为提升和振奋中国的光伏产业起着非常重要的作用。

3．技术进步

自从 20 世纪 50 年代出现太阳能电池以来，太阳能产业经过了几次跳跃式的发展过程。进入 21 世纪以后，环境污染、能源危机、可持续发展等问题促使人们开始认真对待太阳能。最近几年，世界各著名大学和研究机构纷纷进入太阳能技术研究领域，使其先进技术不断向各大产业扩散。到 2013 年 12 月，世界上对太阳能电池研究的最新技术略述如下。

(1) 夏普公司将聚光时化合物多接合型太阳能电池的转换效率提高至全球最高的 43.5%。

(2) 美国加利福尼亚大学伯克利分校(University of California, Berkeley)教授 Eli Yablonovitch 与美国 Alta Devices 公司组成的开发团队，开发出了转换效率为 28.3%的单耦合型薄膜 GaAs 太阳能电池。

(3) 东京大学纳米量子信息电子研究机构的负责人兼生产技术研究所教授荒川泰彦以及该机构特聘副教授田边克明，与夏普公司共同开发出了单元转换效率在非聚光时达到 18.7%、双倍聚光时达到 19.4%的量子点型太阳能电池。

(4) 三洋电机采用 98 μm 厚的薄型 Si 单元的 HIT(Heterojunction with Intrinsic Thin Layer)太阳能电池，实现了 23.7%的转换效率。

(5) 德国肖特太阳能(SCHOTT Solar)宣布，该公司的多晶硅太阳能电池模块转换效率达到了全球最高的 18.2%。

随着技术进步和规模化程度的提高，太阳能发电成本呈现逐渐下降的趋势。

二、BIPV 行业发展的不利因素

1．发电成本较高

尽管国家和行业主管部门已经出台了一系列法规、标准，如《可再生能源法》、《民用建筑节能管理规定》、《不同地区的节能设计标准》等，除观念、技术等制约因素外，就市场本身而言，BIPV 工程成本较高是一大障碍。尽管光伏组件与建筑相结合可以降低一些建筑能耗，但是与常规能源相比，光电建筑所发的电由于造价昂贵(光电幕墙现在近 10 000 元/平方米)，相当于光伏发电上网电价 4～5 元/千瓦时，如此高的价格，无论是全民分摊还是国家补贴，大面积推广使用太阳能都有很大的阻力和困难，投资回收期太长(20 年以上)，导致投资者难于接受，故目前国内的 BIPV 应用多在一些政府补贴的示范项目上，市场容量有限。

2. 人才缺乏

由于 BIPV 产业涉及光学、电磁学、机械、建筑等多种学科，对产品开发设计、工程施工安装人员的专业素质要求都较高，因此专业人才的缺乏是制约 BIPV 产业发展的"瓶颈"之一。

三、BIPV 行业的市场前景

2012 年 7 月国家能源局在《太阳能发电发展"十二五"规划》中提出，到 2015 年底，我国太阳能发电装机容量将达到 2100 万千瓦以上，这意味着未来 3 年我国光伏发电装机容量有望扩大 6 倍以上。并明确指出发展的重点是光伏大型电站、太阳能分布式光伏电站、建筑一体化及并网电站。目前国家正在进行太阳能建筑一体化和并网发电系统的智能化电网的改造和分布式电站并网示范，如深圳国际园林花卉博览园 1 MWp 并网光伏电站、北京太阳能研究所大楼 100 kW 并网光伏示范工程，如果国家政策加以支持将会有更快的发展。我国的建筑众多，如果建筑构造充分考虑环境能源技术，并运用既环保又能发电的 BIPV 组件，将会有力促进 BIPV 在我国的发展。

借鉴欧洲、日本、美国等国家的经验，在建筑主体的设计前阶段，将太阳能的利用与建筑设计融合于一体的做法是值得肯定和期待的模式。太阳能建筑一体化和并网发电最终会成为我国光伏应用的主要形式，我国未来在光伏建筑一体化(BIPV)领域的发展空间巨大。

目前，我国建设部明确指出，新建筑全面推行 50% 的新能源节能设计标准。在国家"十一五"期间，我国节能建筑总面积已经累计超过 21.6 亿平方米，其中建设了 16 亿平方米，改造了 5.6 亿平方米。我国现有 400 亿平方米的建筑中，130 多亿平方米要进行节能改造。要实现这一目标，必然要采用包括太阳能照明、太阳能建筑一体化系统(太阳能瓦、玻璃幕墙等)等节能技术和设备。《太阳能发电发展"十二五"规划》还提出，将结合电力体制改革和电价机制改革，完善太阳能发电的政策体系和发展机制，建立有利于分布式可再生能源发电发展的市场竞争机制和电力运行管理机制，为太阳能发电产业的发展提供良好的体制、机制环境。在国家政策的大力激励下，BIPV 市场发展前景十分广阔。

第三节　国内 BIPV 典型工程

一、我国最早光伏与建筑结合的 BIPV 系统

2003 年，北京科诺伟业科技有限公司开辟了我国 BIPV 应用的先例，首先研制开发了北京大兴天普大厦 50 kWp 的 BIPV 示范系统(图 8-4)，这是我国最早真正意义上的光伏与建筑相结合的系统。这一系统采用了各种不同的光伏电池，对各种材质、各种设计参数分别进行了考核，其中包括单晶硅和多晶硅光伏电池组件、非晶硅多结薄膜光伏电池组件、硒铟铜(CIS)薄膜光伏电池组件等。该项目的成功建设为以后更大规模的光伏建筑一体化的设计奠定了基础。

图 8-4　北京天普太阳能示范大厦

二、我国最早兆瓦级光伏建筑并网光伏发电系统

在"十五"期间，中国科学院电工研究所承担了国家"863"项目与建筑结合的兆瓦级并网光伏发电关键技术研究课题。在此基础上，由深圳市政府投资，中国科学院电工研究所北京科诺伟业科技有限公司研制建设了深圳国际园林花卉博览园 1 MWp 并网光伏电站(图 8-5)，电站容量为 1 MW，于 2004 年 8 月并网发电。这是中国最早建成的最大光伏与建筑并网系统，这是一个低压用户端并网系统，安装在四个建筑的屋顶和一个山坡上。与建筑物结合的太阳能光伏发电系统，在我国是新兴的高技术产业，深圳国际园林花卉博览园 1MWp 并网光伏电站填补了我国在兆瓦级并网光伏系统设计和建设上的空白，为我国在光伏系统与建筑相结合领域树立了典范，具有良好的示范效果。

图 8-5　深圳国际园林花卉博览园 1 MWp 并网光伏电站

三、我国最早与标志建筑结合的光伏幕墙

我国最早的光伏幕墙是用在北京奥运国家体育馆的 100 kWp 并网光伏发电系统(图 8-6)，这是真正意义上的光伏与建筑集成系统。按照光伏系统的安装方式，可分为两部分：一部分采用常规的晶体硅太阳能电池，安装在体育馆屋顶的采光带上，容量约为 90 kWp；另一部分采用双玻太阳能电池组件，安装在体育馆南立面上，代替部分玻璃幕墙，容量约为 10 kWp。该系统在我国是第一次用光伏组件代替部分玻璃幕墙，突破了以往光伏组件在

建筑屋顶安装的模式，是光伏与建筑真正意义上的结合。该电站年发电量可达 97 000 度，设计寿命期为 25 年，建成后的首年发电量为 10.27 万度，寿命期内累计可产生 232 万度电能。与同等发电量火力发电相比，相当于累计节约标准煤约 904.8 吨，减排二氧化碳约 2352.5 吨、二氧化硫约 21.7 吨和氮氧化物约 6.3 吨，此外，还减排粉尘和烟尘。

图 8-6　北京奥运国家体育馆的 100 kWp 并网光伏发电系统

国家体育馆 100 kWp 太阳能光伏电站的建成，为我国城市建筑与光伏结合提供了成功的范例，同时也真正体现出"科技奥运、绿色奥运"的理念。

四、中国光伏艺术建筑一体化的标志案例

中国光伏艺术建筑一体化的标志案例是首都博物馆新馆柔性太阳能光伏发电系统(图 8-7)，是北京市政府奥运工程配套项目中的重点工程。为了更好地将建筑与艺术、建筑与高新技术相结合，努力创造绿色、环保、节能的城市整体形象，在北京市领导和有关部门的支持下，根据大平顶、大挑檐结构的建筑屋顶设计，在首博新馆屋顶的平面部分安装了 5000 平方米的太阳能柔性光伏组件，峰值发电量达到了 300 kWp，使中国太阳能光伏发电工程中单体建筑发电量达到了国际先进水平。首博新馆也成为集节能、环保与高科技为一体的、充满现代气息的博物馆，具体、形象地表现了太阳能资源的充分利用，以求可持续发展的教育示范作用。

图 8-7　首都博物馆新馆

五、首个与航空公共建筑结合的光伏系统

2007 年 1 月 17 日，江苏无锡机场 800 kW 太阳能光伏发电并网工程项目(图 8-8)，标志着无锡机场在公共建筑中率先采用新能源，打造环保节能型的"绿色机场"。机场新航站楼候机厅屋顶和货运大楼顶建立两大光伏并网电站。首期在无锡机场新航站楼候机厅屋顶约 716 平方米的采光带建设一个 75 kWp 的光伏玻璃幕墙并网电站，投资约 650 万元；在机场货运大楼屋顶建立一个 725 kWp 的光伏并网电站。工程全部采用由无锡尚德公司自行研发生产的高品质光伏组件，2008 年底整体建设完成。无锡机场光伏并网发电工程大规模采用光伏玻璃幕墙，将推进我国光伏玻璃幕墙产业的进一步发展。

图 8-8　江苏无锡机场光伏电站

六、"亮屋工程"在上海实施

2006 年 10 月 19 日，由 SMA 公司和 SUNSET 公司共同承建的上海德国学校太阳能电站系统正式落成。这是德国能源协会(DENA)在全球实施的德国学校及海外建设光伏屋顶项目之一。DENA 的百万屋顶光伏项目安装运行在全球不同的德国学校和机构中，"亮屋工程"并由此得名。通过这个示范工程，DENA 旨在促进太阳能技术的全球应用，向公众宣传利用可再生能源进行无污染发电的环保理念，向青少年传达和普及以光电为核心的新能源应用理念，展示德国光伏产品在全球领先的先进技术，并帮助德国的能源公司与可再生能源市场的新兴公司建立良好紧密的市场合作关系。

七、国内首座太阳能光伏并网发电与星级酒店一体化建筑

国内首座太阳能光伏并网发电与星级酒店一体化建筑是河北省保定市高开区电谷锦江国际酒店(图 8-9)，大规模、多角度应用太阳能光伏发电技术，让高耗能的酒店大厦变成了输出电力的电站。目前国内太阳能光伏利用和建筑一体化尚处在起步阶段，而利用太阳能发电的五星级酒店，这是第一家。这座建筑的东、南、西立面，全部由黑色太阳能电池板组成的光伏玻璃幕墙包围，给人一种厚重的感觉，在光伏玻璃幕墙上按照某种规律分布的装饰性白色铝合金边框，显得轻灵飞动。在人们注意不到的附属建筑屋顶，如大堂顶部的 200 m^2 玻璃采光区，在大门上为宾客遮风挡雨的雨棚，到处都有输出电力的太阳能光电板。

这些建筑部位所装用的太阳能光电板，每一部分的功能均不相同。东、南两个立面，是与大厦一体化设计的太阳能光伏玻璃幕墙；西立面是一组单独设计的太阳能光伏装置，它的意义在于向人们展示如何在已建成的建筑上安装太阳能光电板；在采光屋顶、雨棚设置的太阳能光电板，则是向人们展示太阳能光伏装置运用的灵活性。

图 8-9　保定市高开区电谷锦江国际酒店

习　题　八

1. 简述 BIPV 的实现形式。
2. 简述 BIPV 行业的市场前景。
3. 收集 BIPV 的国外政策。
4. 收集 BIPV 的国内政策。
5. 收集 BIPV 的应用领域。
6. 简述 BIPV 的设计要点。
7. 设计一个无电山区休闲山庄的自备电源系统。

附录　太阳能专业相关词汇解释

A

a-Si:H：amorph silicon 的缩写，含氢的，非结晶性硅。

Absorption：吸收。

Absorption of the photons：光吸收；当能量大于到禁带宽度的光子入射时，太阳能电池内的电子能量从价带迁导带，产生电子—空穴对的作用，称为光吸收。

Absorptions coefficient：吸收系数，吸收强度。

AC：交流电。

Ah：安培小时。

Acceptor：接收者，在半导体中可以接收一个电子。

Alternating current：交流电，简称交流。一般指大小和方向随时间作周期性变化的电压或电流。它的最基本的形式是正弦电流。我国交流电供电的标准频率规定为 50 赫兹。交流电随时间变化的形式可以是多种多样的。不同变化形式的交流电其应用范围和产生的效果是不同的。以正弦交流电应用最为广泛，且其他非正弦交流电一般都可以经过数学处理后，化成为正弦交流电的叠加。

AM：air mass 的缩写，空气质量。直射阳光光束透过大气层所通过的路程，以直射太阳光束从天顶到达海平面所通过的路程的倍数来表示。当大气压力 $P=1.013$ 巴，天空无云时，海平面处的大气质量为 1。

amorphous silicon solar cell：非晶硅太阳电池(a-Si 太阳能电池)。用非晶硅材料及其合金制造的太阳能电池称为非晶硅太阳能电池，亦称无定形硅太阳能电池，简称 a-Si 太阳能电池。

Angle of inclination：倾斜角，即电池板与水平方向的夹角，0°～90°之间。

Anode：阳极，正极。

B

Back Surface Field：缩写为 BSF，在晶体太阳能电池板背部附加的电子层，用来提高电流值。

Bandbreak：在半导体中，价带和导带之间的空隙，对于半导体的吸收特性有重要意义。

Becquerel：Alexandre-Edmond，法国物理学家，在 1839 年发现了电池板效应。

BSF：back surface field 的缩写。

Bypas-Diode：与太阳能电池并联的二极管，当一个太阳能电池被挡住，其他太阳能电池产生的电流可以从它处通过。

C

Cadmium-Tellurid：缩写为 CdTe；位于 II VI 位的半导体，带空隙值为 1.45 eV，有很好的吸收性，应用于超薄太阳能电池板，或者是连接半导体。

Cathode：阴极或负极，是在电池板电解液里的带负电的电极，是电池板电解液里带电粒子和导线里导电电子的过渡点。

C-Si：crystalline-silicon 的缩写。

Cell temperature：电池温度，系指太阳能电池中 PN 结的温度。

Charge control：充电控制器，在电池板设备和电池之间连接。它可以控制并监控充电的过程。

CIGS：Copper Indium Gallium Diselenide 的缩写。

CIS：Copper-Indium-Diselenide 的缩写。

Concentrator solarcell：浓缩电池板，借助反光镜或是透镜使阳光汇聚在电池板上，缺点是要不停地控制它的焦点，使之一直在电池板上，因为太阳在不停地运动。

Concentration ratio：聚光率。聚光器接收到的阳光光通量与太阳能电池接收到的光通量之比叫做聚光率。

Conductibility：传导性，导电性。当金属或半导体加上电磁场后，将会有一个和电磁场成比例增加的电流存在，该电流可以用电流密度来描述，即单位面积的电流强度。该电流强度越大，说明该物质的导电能力越强。其单位是 S/cm^2(西门子每平方厘米)。

Conduction band：导带。通过许多原子的交换效应，在半导体内部会出现导带和价带，之间通过带沟隔开，电子可以运动到空穴里，空穴可以运行到价带里。

Connection semiconductor：连接半导体，指由两个或多个化学元素组成的半导体，如镓砷、镉碲、铜铟等。

Copper-Indium：铜铟化合物。因为在薄层电池板里它具有很高的吸收能力，铜的电子价带具有 1.0 电子伏特，所以该化合物组成的电池板可以达到 15.4% 的效率。

Copper-Indium-Galium：铜铟化合物化合物。因为在薄层电池板里它具有很高的吸收能力，在掺杂镓的铜的电子价带具有 1.0～2.7 电子伏特，所以该化合物组成的电池板可以达到 17.7% 的效率。

Corn border：多晶硅每个晶体之间的边界，阻碍电荷的移动，因此单晶硅的效率总的来说比多晶硅高。

Crystal silicon：晶体硅。

Current：电流。电流是指电荷的定向移动。电流的大小称为电流强度(简称电流，符号为 I)，是指单位时间内通过导线某一截面的电荷量，每秒通过一库仑的电量称为一安培(A)。安培是国际单位制中所有电性的基本单位。除了 A，常用的单位还有毫安(mA)、微安(μA)。

Czochralsky-Procedure：制造单晶体硅的方法，从硅中熔炼出来。

D

DC：直流电英文的缩写。

Degradation：太阳能电池板的效率会随着光照时间增加而降低。

Diffusion：电荷扩散，产生一个浓度层。

Diode：二极管，电流只能朝一个方向流动。太阳能电池理论上其实就是一个大面积被照射的二极管。

Donator：捐赠者，在半导体中可给出一个电子。对于硅，原则上磷可作为捐赠者。

Duennschichtsolarzelle：一种不用晶片，而是采用超薄技术生产出来的超薄太阳能电池板，其材料为 a-Si:H、CdTe、CIS、GaAs。

Duennschichttechnik：生产超薄太阳能电池板的技术，直接用便宜的基层材料制作，比如玻璃、金属层、塑料层等。优点是省材料、能源，可制作大面积的太阳能电池板。常使用的金属为 a-Si:H、CdTe、CIS、GaAs。

E

Efficiency：效率，指一个光伏单元产生的电能除以它所受的光照强度。

EFG-Procedure：Edgedefined Film Growth 的缩写。用这个方法可以从硅中熔炼出八角形的管子，棱长 10 厘米，总长 5 米，可以切割成 10 厘米×10 厘米的晶片。优点是切割损耗少。

EG-Si：Elecronic Grade Silizium 的缩写，用于芯片制作的高纯度硅。

Electrolyte：电解质。

Elektron：电子。

Elektronen-Loch-Paar：电子—空穴对，半导体吸收一个光子，释放出一个电子和一个空穴。

Enclosure：包装，防风雨模块的保护。例如玻璃等材料。

EVA：Ethylen-Venyl-Acetat 的缩写，封装太阳能电池板的薄膜。

F

Fresnel lens：菲涅尔透镜，用微分切割原理制成的薄板式透镜。

FZ：float-zone-procedure 的缩写。

G

GaAs：Galllium Arsenid 的缩写。半导体，被用于太阳能电池板时，效率可达 22%。

Geometrical concentrator ratio：几何聚光率，聚光器面积与太阳电池面积之比叫做几何聚光率。

Grid：太阳能电池板上的金属导线，其电阻越小越好，这样能量损失少。

H

Hole saw：空穴锯，空穴锯是一个非常薄的金属片，就像耳膜一样薄，这个薄片在正中央有一个洞，它的边缘使用金刚石刀。使用该薄片切割可使损耗在 0.2 到 0.3 微米之间。

Hole：空穴，正的带电体，在半导体接收光照后，和电子同时出现的带电体，一般成为空穴电子对。

Hot spot：热点，在电池板部分被阴影遮挡时，被遮挡的单元不能发电，同时有很大的电阻，对于串联的电路会有很大的热损耗，甚至烧坏该点的电池板。为了避免此情况的发生，旁路二极管与各自的单元并联，从而可避免热损失。

I

I：电流的缩写，国际单位为安培(A)。

Indium-Zinn-Oxid：缩写为 ITO，铟锌氧化物，它是一种透明的半导体，并具有很高的导电性。作为透明接触层，应用于对很薄的电池板单元或是彩色物质单元。

Ingo：从多晶硅或单晶硅中提炼出的块状物。

Integrated serial switching：集成的串联技术，在生产大面积的电池板时应用于薄膜技术。在生产过程中，大面积的电池板单元被激光束裁成单个的薄片，但是这个薄片的上表面要和邻居薄片的下表面组成串联。集成的串联技术是除了节省材料外的一个重要优点的薄膜技术。

Intensity：光照强度，物理测量的单位面积的光照功率，单位是瓦特每平方米。

Intrinsic：描述一个没有掺杂的半导体和一个掺杂半导体的对比。

Inverter：逆变器，将变化的 MPP 由太阳能电池板提供的直流电转化为电网交流电的变频器。

Ion：离子，分正和负的原子或者分子，离子在电解液里起到导电的作用。

ISC：短路电流。

Island system：孤岛系统，是不和大电网联网，只是供自己使用的光伏系统。例如，只是在山里或小岛上的光伏发电系统。

ITO：是铟锑氧化物的英文缩写。

I-U-characteristic curve：电池板 *I-U* 特征曲线，代表太阳能电池的典型特征。是太阳能电池板输出电压和电流的关系。

K

kT：热学能量(k = Boltzmann 常数，$1.381 \times 10 \sim 23$ J/K，T = Kelvin 绝对温度)。

kWh：千瓦时，能量的单位，是一千瓦的灯泡亮一个小时所消耗的能量。

kWp, peak：最大功率，单位是千瓦，一般所说的太阳能逆变器的功率就是指最大功率。

L

Laminate：一种薄片材料，用来保护电池板芯片，例如 EVA 或 Tedlar。通过该物质可将整个电池板芯片用透明的物质密封起来，这样一方面可以保护电池板芯片，另外一方面还能保持阳光的穿透力。

Light trapping：光的增透，在光完全被电池板吸收前，进入电池板的光通过反射和内表面的阻碍，光的增透对薄层电池板有着非常特别的意义，表面处理技术起着重要的作用。

M

Majority charge carrier：多子，描述半导体里的带电体，通常决定于掺杂的类型。例如，P 型多子是空穴，N 型多子则是电子。

Marginal cost payment time：接收太阳能发电，向电网传输所获的收益，因此到一定的时间将收回太阳能设备的投资成本，这段时间叫做成本收回时间。

Metal-Insolator-Silicon：缩写为 MIS，金属绝缘硅，这种电池板类型包含与传统电池板的不同是没有 PN 结，这个电荷分离功能满足这里从打入铯原子的氧化硅里出来的电子反转层。优点是简化生产过程，不需要高温来掺杂。

Minority charge carrier：少子，描述半导体里的带电体，通常决定于掺杂的类型，例如在 N 型多子是空穴，P 型多子则是电子。

Module effinciency：电池板模块的效率。

Module rated power：额定功率，当太阳垂直照在电池板上时，电池板最大可能的输出功率，单位为瓦特。

Module：电池板模块，将很多的太阳能发电单元联接，然后封闭后的电池板单元。之后可以灵活串联、并联。

Mono crystal silicon：单晶硅，纯净的晶体硅。

MPP(max power point)：最大功率点。电池板可以提供最大功率，通过对 MPP 的跟踪和控制，可以在各种情况下找到最大功率点，从而使电池板的发电效率提高。

N

N-endowment：N 掺杂。

Net coupling：联网，太阳能发电装置通过逆变器把太阳能转化为电能输送到电网上的过程。与电网联网的发电装置不需要电能的储存。

O

Omic loss：欧姆损耗，电流通过电阻的损耗，电能变成了热能。

Open circuit voltage：电池板开路电压，当电池板没有联通负载时，或者说没有电流流过时的正负极间的电压。根据 *I-U* 曲线，电流为零的那个点对应的电压即为电池板开路电压。

P

Passivation：失活性，在每一个半导体的表面都有一个打开的连接，因为它为下一个原子打开。这样加速了带电粒子的复合。最简单的失活性的方法是在半导体的表面增添二氧化硅层。

P-endowment：P 掺杂。

Performance ratio：光伏系统的评判标准，即实际收益率除以理论收益率。

Photo-conductive effect：光电导效应，以导电率变化为特征的光电效应。

Photo effect：光子效应，足够的光能从金属的表面里打出电子。这和光电效应不可混淆，是两个概念。

Photo electronics chemical solar cell：光电子化学光电池板，以电解液为基础，吸收光子，产生电子—空穴对。吸收光子是在敏感的表面层，在电解液里出现电荷流动。

Photon：光子，以能量的形式并以光的速度运动，进入电池板内激发电子和空穴对的物质。

Photo-electric emission：光电发射，仅仅由于辐射能的射入而引起的电子发射。

Photo-electron：光电子，由光电效应放出的电子。

Photovoltaic effect：光生伏特效应，简称"光伏效应"。指光照使不均匀半导体或半导体与金属结合的不同部位之间产生电位差的现象。它首先是由光子(光波)转化为电子、光能量转化为电能量的过程，其次是形成电压的过程。有了电压，就像筑高了大坝，如果两者之间连通，就会形成电流的回路。

Photovoltaik：将太阳光能转换成为电能的一项技术。

Photo-voltaic concentrator array：聚光太阳能电池方阵，由若干聚光电池组件组合在一起，构成的供电装置。

Photovoltaic concentrator array field：聚光太阳电池方阵场，由一系列聚光太阳能电池方阵组成的聚光光伏发电系统。

Photovoltaic concentrator module：聚光太阳能电池组件，系指组成聚光太阳能电池方阵的中间组合体，由聚光器、太阳能电池、散热器、互连引线和壳体等组成。

PN junction：采用不同的掺杂工艺，将 P 型半导体与 N 型半导体制作在同一块硅片上，在它们的交界面形成的空间电荷区称为 PN 结。PN 结具有单向导电性。

Polycrystalline silicon：多晶硅，是主要的光伏材料，由连续的晶体组成，从几微米到厘米级。生产多晶硅的方法是块浇法。

Polycrystalline silicon solar cell：多晶硅太阳能电池，是以多晶硅为基体材料的太阳能电池。

PV：photovoltaik 英文的缩写，光伏。

Q

Quantum exploit：量子开采，光电池单元的量子开采描述了总共出现的电子数目和照射的光子数目与波长的一个关系。

R

Recombination：复合，指空穴和电子的复合。在光伏电池板里复合的电子和空穴并不能用来发电。

Reference device：基准器件，是一种以标准太阳光谱分布为依据，用来测量辐照度或校准太阳模拟器辐射度的光伏器件。

Reflexion loss：反射损耗，从电池板表面反射掉的光并不能用来发电，所以要有增透层来尽量减少光的反射。

Roll to roll process：便宜的工业处理用来生产薄层太阳能光伏单元在金属或是塑料薄膜片基上，在这里灵活的被卷起的片基被展开，然后在处理炉里镀层，最后再卷起来。

S

Secondary concentrator：二次聚光器，将通过聚光器的会聚阳光再一次进行会聚的光学装置。

Semiconductor：半导体，是固体，和金属对比拥有化学价带和传导带之间的一个空白带，电荷载流子不要可以随意流动。影响一个半导体的传导性的可能性可以通过掺杂来改变它的导电性(即太阳能电池)。在吸收光子之后电子将从价带激活进入导带，从而出现空穴形成电流。

Sensitizing layer：敏感层，光电化学电池板吸收光的那一层。

Serial resenstance：串联电阻，指电池板单元在串联时，应保证良好的接触，否则会增大损耗。

Setpoint tracing：照射方向自动跟踪，通过校对太阳板，使太阳光一直垂直照在太阳板上。

Short circuit current：短路电流。

Short circuit current：电池板供出的电流，当电池板两极短路时流过的电流。在 I-U 曲线上，电压为零时的电流。

Shunt resenstance：并联电阻。

Silicon：化学元素，硅 guī(台湾、香港称矽 xī)是一种化学元素，它的化学符号是 Si，旧称矽。原子序数 14，相对原子质量 28.09，有无定形和晶体两种同素异形体，同素异形体有无定形硅和结晶硅，属于元素周期表上 IVA 族的类金属元素。晶体结构：晶胞为面心立方晶胞。

silicon solar cell：硅太阳能电池，以硅为基体材料的太阳能电池。

single crystalline silicon solar cell：单晶硅太阳能电池，以单晶硅为基体材料的太阳能电池。

Single solar cell：单体太阳能电池，具有正、负电极，并能把光能转换成电能的最小太阳能电池单元。

Solar cell：光伏单元，指光伏电池的电子部分，吸收电子直接转化为电能。

Solar cell area：太阳能电池面积，指太阳能电池的全部光照面面积(包括栅线)。

Solar concentrator：太阳聚光器，用于将阳光聚在一起的光学器件。太阳聚光器通常有反射式、透射式、荧光式等多种形式。

Solar constant：大气层里最大的太阳照射常数，为 $1.395 \, W/m^2$，瓦每平方米。

Solar energy：太阳能。

Solar home system：太阳能家庭发电系统，指使用太阳能电池板、充电控制器、蓄电池组成的系统。安装于光能充分的区域。如孤岛运行，在远离电网支配下使用，每天发电能量在几度以下。

Solar module：太阳能电池模块，光伏模块。

Solar Silicon：为光伏发电而专门生产的高纯度硅，与在芯片里使用的高纯度硅相比，其纯度还高。其生产方法一般有块浇法、Czochralsky 和 EFG 法等。

Solar photovoltaic energy system：太阳光伏能源系统，指利用太阳能电池的光生伏特效应，将太阳能直接转换成电能的发电系统。

Solar thermie：光热装置，使用太阳光能直接产生热能，和光伏发电是有区别的。

Space charge zone：空间电荷区，在 P 型半导体中有许多带正电荷的空穴和带负电荷的电离杂质。在电场的作用下，空穴是可以移动的，而电离杂质(离子)是固定不动的。N 型半导体中有许多可动的负电子和固定的正离子。当 P 型和 N 型半导体接触时，在界面附近空穴从 P 型半导体向 N 型半导体扩散，电子从 N 型半导体向 P 型半导体扩散。空穴和电子相遇而复合，载流子消失。因此在界面附近的结区中有一段距离缺少载流子，却有分布在空间的带电的固定离子，称为空间电荷区。

Stack solar cell：堆积光伏发电板，由两个或多个叠加起来的发电电池层组成，每一层电池层吸收不同频率的光谱。

String：串，描述一个光伏模块内的多个串联的电池单元。

Substrat：片基，机械的稳定的基础层，主要作为基础层来制造电池板，例如使用玻璃、金属、塑料薄膜或晶片等。

Sun collector：太阳能收集器、集热器，直接将太阳能转化为热能，使用高储热的物质，诸如水或油等，之后利用热交换器使用所搜集的热量。

Sun equivalent hours：太阳能的等价小时，一个光伏发电系统的年收益(千瓦时)除以它最大的功率。

Sun hours：太阳小时，顾名思义，是指在一个地区每年一共的光照小时数，它是衡量一个地区是否适合安装光伏发电装置的最重要的因素。

Sun simulator：太阳模拟器，是一个借助特殊的灯管来产生光谱的装置。

Sun spectrum：光谱，由发光物质直接产生的光谱称为发射光谱；由连续分布的一切波长的光组成，是炽热的固体、液体及高压气体发光产生的光谱称为连续光谱，诸如太阳的光谱，在地球上观察太阳光谱将会受大气的影响。

Surface construction：表面处理，通过机械或者化学方法摩擦电池板的表面，这样有助于吸收太阳光，例如通过增透的方式(light trapping)。

System efficiency：系统的效率，指光伏系统向电网传输的能量除以光照能量。

T

Tandem solar cell：叠型光伏单元，指由两个叠加在一起的单元组成的光伏电池，主要是由超薄层技术来生产。

Tedlar：塑料薄膜，应用于生产光伏模块的薄膜。

Temperature coefficient：当温度上升时，每一度的温升对光电电池板效率的衰减，取决于电池板的材料。

theoretical efficiency：理论效率，指电池板在理想情况下的效率。

Time constant：时间常数，辐射度发生一次突变后，辐射表或光伏发电器恢复到稳定值的63.2%所需的时间。

Tracking：跟踪。

Transparent conductive oxide：透明导电氧化层。

Tripel solar cell：三层光伏单元，由三层叠加在一起的电池单元组成，每一层对不同的光谱有很强的吸收能力，主要是由超薄层技术的生产来决定。

V

Valency band：价带。

Voltage：电压，单位为伏特，是衡量两点电场强度的物理量。

W

Wafer：晶片，描述了来自半导体材料的薄片，作为片基生产电脑芯片或是太阳能电池板使用。是由半导体块切割而成的，一般厚度在 0.2 到 0.3 微米左右。

Watt-Peak：英文缩写为 Wp，是描述电池板功率的单位。

Wave length：波长，是指两个相邻波峰之间的距离，可见光的波长一般是 0.3 到 0.8 微米。

Z

Zinc Oxid：锌氧化层，透明的半导体材料具备很强的导电能力，主要应用于超薄层材料。

Zone melting method：指生产高纯度硅的一种方法。在这个方法里，多晶棒从底部被慢慢融化，凝固时会出现硅晶体。此方法最重要的优点是便于增加硅的纯度。

参 考 文 献

[1] 裴素华，黄萍，等. 半导体物理与器件. 北京：机械工业出版社，2008.

[2] 黄惠良，等. 太阳能电池. 台北：五南图书出版公司，2008.

[3] Martin A.Green.太阳能电池工作原理、技术和系统应用. 上海：上海交通大学出版社，2010.

[4] 刘恩科，朱秉升. 半导体物理学. 北京：国防工业出版社，1979.

[5] 顾祖毅，田立林，富力文. 半导体物理学. 北京：电子工业出版社，1995.

[6] 沈学础. 半导体光学性质. 北京：科学出版社，1992.

[7] Greenaway D L, Harbeker G. Optical Properties and Band Structure of Semiconductors. London:Pergamon,1998.

[8] Pankove J I. Optical Processors in Semiconductors. Englewood Clifts: Prentice-hall, 1971.

[9] 杨树人，王宗昌，王兢. 半导体材料. 北京：科学出版社，2004.

[10] 沈以赴. 固体物理学基础教程. 北京：化学工业出版社，2005.

[11] 庞震. 固体化学. 北京：化学工业出版社，2008.

[12] 何涌，雷新荣. 结晶化学. 北京：化学工业出版社，2008.

[13] 施敏. 半导体器件物理. 2 版. 黄振岗，译. 北京：电子工业出版社，1987.

[14] 格罗夫. 半导体器件物理与工艺. 齐建，译. 北京：科学出版社，1976.

[15] Shockley W.The Theory of p-n Junctions in Semiconductors and p-n Tuncontion Transistors. Bell System Tech,J.,1949,28:435.

[16] 黄昆，谢希德. 半导体物理学. 北京：科学出版社，1958.

[17] 虞丽生. 半导体异质结物理. 北京：科学出版社，2006.

[18] 江剑平，孙成城. 异质结原理与器件. 北京：电子工业出版社，2010.

[19] http://wenku.baidu.com/view/446f6db665ce050876321312.html.

[20] 夏建白，朱邦芬，黄昆. 半导体超晶格物理. 北京：科学出版社，1995.

[21] 刘恩科，朱秉升，罗晋升，等. 半导体物理学. 北京：国防工业出版社，2011.

[22] 杨德仁. 太阳能电池材料. 北京：化学工业出版社，2006.

[23] 尹建华，李志伟. 半导体硅材料基础. 北京：化学工业出版社，2009.

[24] 上海交通大学太阳能研究所，上海国飞绿色能源有限公司. 太阳能电池培训手册（上）. 2011.

[25] Shockley W, Queisser H J. Appl. Phys.,1961.32: 510.

[26] 熊绍珍，朱美芳. 太阳能电池基础与应用. 北京：科学出版社，2009.

[27] 杨德仁. 太阳电池材料. 北京：化学工业出版社，2007.

[28] 邓丰，唐正林. 多晶硅生产技术. 北京：化学工业出版社，2011.

[29] 黄建华. 太阳能光伏理化基础. 北京：化学工业出版社，2011.

[30] 实用工业硅技术编写组. 实用工业硅技术. 北京：化学工业出版社，2005.

[31] 黄有志，王丽. 直拉单晶硅工艺技术. 北京：化学工业出版社，2009.

[32] 刘恩科，等. 半导体物理学. 北京：电子工业出版社，2008.

[33] 尹建华. 半导体硅材料基础. 北京：化学工业出版社，2009.